北大哲学课

汗青◎著

台海出版社

图书在版编目（CIP）数据

北大哲学课／汗青著.—北京：台海出版社，
2018.5

ISBN 978－7－5168－1880－0

Ⅰ．①北… Ⅱ．①汗… Ⅲ．①哲学—通俗读物 Ⅳ.
①B－49

中国版本图书馆 CIP 数据核字（2018）第 090991 号

北大哲学课

著　　者：汗　青

责任编辑：王　萍　　　　　责任印制：蔡　旭

出版发行：台海出版社

地　　址：北京市东城区景山东街 20 号　邮政编码：100009

电　　话：010－64041652（发行，邮购）

传　　真：010－84045799（总编室）

网　　址：www.taimeng.org.cn/thcbs/default.htm

E - mail：thcbs@126.com

经　　销：全国各地新华书店

印　　刷：香河利华文化发展有限公司

本书如有破损、缺页、装订错误，请与本社联系调换

开　　本：710mm×1000mm　　1/16

字　　数：220 千字　　　　印　　张：18.5

版　　次：2018 年 7 月第 1 版　印　　次：2018 年 7 月第 1 次印刷

书　　号：ISBN 978－7－5168－1880－0

定　　价：49.80 元

北京大学，这所屹立百年的名校，见证了中国近百年的沧桑历史。她是新文化运动的摇篮，这里爆发了影响中国历史进程的"五四运动"。北大，这是一个和近代中国命运息息相关的地方。

只要是去过北大的人，就一定会为她的博大和厚重所打动。行走在未名湖畔，我们感受到的是古朴的风韵；站立在图书馆前，我们感受到的是现代的气息。在这里，历史与现代完美地结合在了一起，将北大的历史不断地绵延下去。

在北大绵延不断的历史中，优秀的文化传统与沧桑革命历程的完美结合，不仅为我们积累了丰厚的文化底蕴，还形成了北大所特有的人文魅力，北大的精神随着时代发展而更加富有内涵。

作为中国历史悠久的名校，北大在教会学生知识之余，更重要的是给学生灌输了一种独特的北大人文精神，并因此对他们的人生智慧进行启迪。

人是精神的载体，说到北大的精神，就不能不说北大的人。在北大的历史上，作为先进文化的继承者、传播者和发扬者，这里涌现了胡适、傅斯年、鲁迅、陈独秀、李大钊、蒋梦麟等一大批学者，这些学者以各自的行为和思想，共同为我们构建了一个属于北大的人文哲学体系。

北大之所以能成为中国人心目当中的最高学府，成为每个求学青年心中梦想的天堂，除了北大所拥有的厚重的历史之外，恐怕也与北大这独特的哲学体系有关。一个人如果想要获得成功，无论是事业还是人生，都要有一套正确的人生观和价值观。当我们处在信念迷失、希望被彷徨所困扰的时候，北大这套独特的哲学体系正是为我们照亮前路，点燃希望的火把。

在北大这套独特的人文哲学体系中，有关于人生方面的感悟、事业方面的指导、处世方面的原则，亦有关于读书方面的经验，可以说涵盖了我们生活当中的方方面面，能够为我们的行为作出指南。

前事不忘，后事之师，尽管这些先哲有很多已经离我们远去了，但他们关于人生的哲理却是永远值得我们学习的；他山之石，可以攻玉，尽管那些北大优秀毕业生的经历有很多是不可复制的，但只要我们懂得借鉴，那么取得像他们那样的成功也不是不可能的。

在本书中，我们挖掘了很多有关北大先哲与当代优秀毕业生的真实故事，希望以切实的例子来感染读者，以真人和实例为读者详细解析这些已经融入了北大人骨髓的哲学智慧，给读者做人和做事的启发。

目录
CONTENTS

第 1 章

成功的路上，选择比努力更重要

　　人生在世，总要面临各种各样的选择：选择走什么样的路，选择过什么样的生活，选择什么样的人生。有的人来到这世上，匆匆忙忙，到人生将达终点的时候，又不免慨叹：忙碌了一生，努力了一生，却一事无成。

1. 择其善者而从之，其不善者而改之

我希望你们学习辜鸿铭先生的英文和刘师培先生的国学，并不要你们也去拥护复辟或君主立宪。

——蔡元培

《论语》里面有句话："三人行，必有我师焉，择其善者而从之，其不善者而改之。"这句话的意思就是告诉我们，一个人在虚心学习的同时，也要注意甄别，甄别出他人身上哪些东西是对我们有帮助的，只要做好了甄别，那么每个人都能够成为我们的学习对象，让我们从他们身上受益。

众所周知，蔡元培先生在北大的办学方针是"兼容并包、思想自由"八个字。为什么蔡先生一再强调这几个字呢？那就是因为他知道，每个人的身上都有自己独到的可取之处，但同样也有不应该被学习、被发扬的东西。水至清则无鱼，大学的教育关键在于"取其精华，去其糟粕"。

在这种思想的指导下，蔡先生聘请了陈独秀、胡适、李大钊、钱玄同、刘半农、周作人、沈尹默等一批新文化运动的健将，而另一方面，他又保留了大批在学术上有造诣但政治上保守的学者，如辜鸿铭、刘师培、黄侃等。这些学者在很多问题的看法上都是针锋相对的，甚至还有剑拔弩张的时候。但这并不是蔡先生所顾忌的，他认为，学生只要能够甄别出这些教职员身上的优点，充分地发扬

和学习,那么这些老师对北大就是有意义的。

辜鸿铭一直视清帝为宗主,脑后一直拖着长长的辫子,把革命者和共和制视为洪水猛兽;而刘师培则是袁世凯那个臭名昭著的筹安会的主要策划人,民国时期君主立宪派的代表人物。但这两位先生,前者是学贯中西的大家,英文水平要超过很多的英国教授,能用法语、德语、日语等七国语言阐述自己的观点;后者则是中国当时著名的国学家,他对《尚书》《礼记》等古代书籍的见解独树一帜,在训诂学上也可以称得上是当时的泰山北斗。

这两个人在崇尚民主自由的北大无疑是个异类,但他们的学问却是值得北大学生学习的,于是蔡元培先生才把他们留了下来,并说出了上面的那句话。而正是在这句话的指引下,北大才成为民国时期造就人才的摇篮,为民主革命和社会主义革命输送了大批的人才。

但凡是懂得学习的人才,其首要的一点就是懂得甄别。尽信书不如无书。同样地,盲目跟随一个人的脚步最多也就学个神似,一不小心还会弄成邯郸学步。而只有能够甄别他人身上的优缺点,并选择性地学习,这样才能够算得上是一个真正会学习的人。

士别三日,当刮目相看。为何会出现这种状况,那就是因为人的一生总是一个不断学习、不断进步的过程,只有不断地接受来自他人的有意义的帮助,从他们身上吸取经验教训,这样才能促使人不断地成功。而所谓成功人士,除了能够学习之外,还要懂得选择,选出哪些是值得学习的。我们都看到过这种状况,很多人并没有多么出色的学习能力,也没见他们多么刻苦,但他们取得的进步却总要大过很多人,这就是他们懂得博采众长、懂得选择的缘故了。

在澳大利亚的一个小镇上有这样一家杂货店,杂货店的老板夫妇因为车祸不幸辞世了，杂货店作为夫妻俩唯一的遗产，被两个刚刚成年的儿子接收了。微薄的资金，简陋的设施，兄弟俩靠着出售一些罐头和汽水之类的食品勉强度日。

慢慢地，由于经营不善，兄弟俩的生活越来越窘迫。不甘心过这种穷苦的日子，兄弟俩要寻找发财的机会。

有一天，哥哥罗伯特问弟弟理查说："为什么同样的商店，有的赚钱，有的只能像我们这样惨淡经营呢？"

理查回答说："我觉得我们的经营有问题，如果经营得好，小本生意也可以赚钱的。"

"可是，如何才能经营得好呢？"于是，兄弟俩决定经常去其他商店看一看。

一天，他们来到一家"消费商店"，这家商店顾客盈门，生意红火，引起了兄弟俩的注意。他们走到商店外面，看到门外一张醒目的告示上写着："凡来本店购物的顾客，请保存发票，年底可以凭发票额的3％免费购物。"

他们把这份告示看了又看，终于明白这家商店生意兴隆的原因了，原来顾客就是贪图那"3％"的免费商品。回到自己的店里后，他们立即贴了一个一模一样的告示。但没过两个月，他便发现因为自己的经营成本实在有限，这样的返利让兄弟俩难以为继，而且因为自己的杂货店都是一些薄利多销的货物，3％的返利对于有些货物来说甚至要高于利润。

于是兄弟俩一商量，虽觉得这办法不可行，但它却增加了客源，于是弟弟灵机一动，决定改变原来照搬"消费商店"的方法，将可以参加返利的货物限定在那些利润比较高的上面。这样一来，既没有影响店铺增加客源，又能够保证不会因为一些商品返利太多而带来重大损失。

就是凭借这种不断吸取他人经验而来的智慧,他们兄弟俩的商店迅速地扩大,现在,他们已经成为了澳大利亚东部最大的连锁商店的老板。

我们要善于取人之长,补己之短,不懂、不会,要不耻下问,切忌不懂装懂,掩耳盗铃,自欺欺人,也不可妄自菲薄,盲目照搬。在向他人学习的时候,必须有持之以恒的精神和去粗取精的方法。

每个人都有自身的优势和缺点,我们要学习他人的优势,见贤思齐,择其善者而从之;看到他人身上的缺点,反省自己,做到见其不善者而改之。只有如此,我们才能够借鉴别人的优点和经验,改正自己的缺点,也才能使自己在人生的道路上走得更快、更稳。

2. 当断则断,不断自乱

遇事必须深思熟虑。先考虑可行性,考虑的方面越广越好。然后再考虑不可行性,也是考虑的方面越广越好。正反两面仔细考虑完以后,就必须加以比较,作出决定,立即行动。如果你考虑正面,又考虑反面之后,再回头来考虑正面,又再考虑反面,那么,如此循环往复,终无宁日,最终成为考虑的巨人,行动的侏儒。所以,我赞成孔子的"再,斯可矣"。

——季羡林

当断不断,反受其乱,这是一个著名的成语典故,出自司马迁的《史记》。

5

战国时有名的"四君子"之一的楚国的春申君黄歇，是个有大志向的人。在楚国，他辅助楚顷襄王、考烈王两位国王建功立业，因此名动天下，在楚国呼风唤雨。

当时，考烈王的几个嫔妃都没有孩子，因此，赵国人李园就想借机把自己的妹妹献给考烈王，但苦于没有路径，于是便拜求到了春申君门下。

春申君看到此女非常喜欢，便收为己有，这件事情并没有几个人知道。过了不久，李园的妹妹怀孕了，于是李园兄妹便与春申君瞒天过海，将李园的妹妹送入宫中，侍奉考烈王，不久产下一个儿子。考烈王看到儿子降生，自然满心欢喜，于是便立他为太子。

事情过后，李园怕事情败露，于是密谋置春申君于死地。当时，春申君的幕僚朱英多次提醒春申君要提防李园，但春申君却总是不以为然。没过多久，考烈王死了，李园果然收买刺客刺杀了春申君。对此太史公司马迁就评价春申君说：当断不断，反受其乱。

当断不断，说到底是一个选择的问题。历史上无数的事实证明，只有在关键的时候能够果断作出选择的人，最后才能成为真正的赢家。三国时候的袁曹官渡之战我们都知道，在这场决定中国北方归属的战役中，处于劣势的曹操之所以能够战胜强大的袁绍，靠的就是在关键时刻的决断能力。

孙中山先生曾经说过："很多人的知识体系、思想境界都比我高多了，但他们之所以不能走上革命之路，缺乏的就是一个决断能力，办事犹犹豫豫，想得太多，做得太少。"

我们知道，一个成功者除了要有冷静的头脑之外，更重要的基本素质之一就是当机立断，凡是自己认定的事情应立即行动。然而在实际工作中，并不是每个人都能当机立断地把握住机会。有些人往往瞻前顾后，患得患失，当断不断，以致错失良机。

某公司是一家靠建筑工厂起家的企业，在有了一定的资本之后，老总王辉打算搞多项经营，把公司引领上多元化发展的道路。但是，自从走上多元化经营道路——建成并营运北环商场后，公司整体的财务状况就一直处于亏损状态。面对这种状况，有些下属就劝老总王辉改变经营结构，停止百货经营，改建保龄球馆，增设餐饮服务，拓宽停车场，并做出了相应的营销策划。

对于下属的建议，王辉心里直打鼓：这条路能走通吗？三年前本集团修建北环商场时也认为占尽天时地利，哪知一眨眼工夫商场四起，北环商场自然难逃厄运。现在觉得做保龄球馆稳赚钱，万一等修成了，保龄球馆又遍地开花怎么办？

而且王辉认为北环商场还没有亏损到难以维持的地步，看看局势再说。再说，北环商场已经给公司很大的压力了，哪还敢投资几百万元去建一无所知的保龄球馆！此时，一个叫刘刚的人出现了，他愿意租赁北环商场，并投资改建成保龄球馆。接到请求，王辉自然是求之不得，心想哪有这种不用自己冒险又能收取高额租金的美事，短短一个月的时间，租赁合同就签订了。

在接手北环商场后，刘刚的保龄球馆计划就开始有条不紊地进行了，在当年的春节到来之前，北环保龄球馆终于建成了。由于先期的宣传策划非常到位，方圆几百里的客人都蜂拥而至。电视台、报纸的记者也被这种新的时尚所吸引，不遗余力地在媒体上予以宣传报道。保龄球馆几乎天天客满，一个月下来，营业额竟高达几百万元，刘刚喜出望外，而王辉则捶胸顿足，大呼时运不济。

"长久地迟疑不决的人，是不可能找到最好的答案的。"这是歌德的一句名言，在他看来，当时的德意志之所以不能得到统一，归根结底就是因为他们没有一个具有绝对权威的领导和果断出击、绝不拖延的民族性格。

当巴黎和会召开，中国的权益被西方出卖，山东被划给日本的时候，北大学生勇敢地站了出来，抗议、游行、示威。站在历史的岔口，北大果断勇敢地迈了出去，引发了轰轰烈烈的"五四运动"。

果断是成功人士一贯的作风，而被动出击、犹豫不决则是平庸之辈的共性。如果我们经常观察周围的成功人士，就会发现他们都有一个共同的成功秘诀，那就是：积极主动出击，率先抓住机会；而那些失败者的共同特点则是优柔寡断，总是给自己找拖延的借口，直到最后失去机遇。

中国有句古话："机不可失，时不再来。"为什么人与人之间会有差距，那就是能否抓住机会的关系了。上天对每个人都是公平的，每个人的面前都摆着同样的机会，有的人抓住了，就成功了；有的人没抓住，自然就只能看着他人成功。

面对机会时，不要有太多的杂念，因为那样反而会让自己分心，使自己犹豫不决，影响自己的判断力。做事情就要对自己不怀疑，要相信自己，要对自己充满信心。想好了、看准了，就要行动。当机遇来时，更要审时度势，果断决策，否则会痛失良机，悔之晚矣。

当然，小心谨慎并没有错，但是我们不能为谨慎所束缚。遇到事情多考虑一些，固然可以减少一些做错事的可能，但同时也会因此错失成功的机遇。如果只在事业的领域，那最多就是一事无成，但如果到了人生的重要关头还不能当断则断的话，那就可能会毁了你的一生。

3. 不同的选择造就不一样的结果

　　我很赞赏北大博士生的一句话:"在大学、研究生期间,不要致力于满口袋,而要致力于满脑袋,满脑袋的人最终也会满口袋。"满脑袋的人最终也会满口袋,我是相信这点的。

——王选

　　所谓有因必有果,所有的结果都是当初的选择造成的。就拿当年蔡元培先生毅然辞去国民政府教育总长的职务,就任国立北京大学校长的事情来说,正是因为成为北大校长并引领了北大的革新,蔡先生才成为了中国教育界的一座丰碑,让人万分景仰。试想如果当年蔡先生眷恋权位,没有跑去当一个穷"教书匠",那么今天他最多也就是一个内阁部长,在民国史上留下寥寥几笔而已。

　　同样的选择还出现在北大的两兄弟身上。周树人与周作人,他们都是知识渊博的大家,又先后被北京大学聘为讲师,但在历史的关口,不同的选择却造就了两个人不同的人生。

　　周树人选择了正义,他积极同黑暗的恶势力作斗争,把自己像匕首一样直刺进反动势力的心脏。也正因为如此,他才会被后世纪念、崇敬,只要一提到鲁迅,我们总能想到他的铮铮铁骨和甘为孺子牛的牺牲精神。而周作人则背上了汉奸的千古骂名。

　　不同的选择造就不同的人生,试想,比尔·盖茨如果没有选择退学出来搞软件,充分发挥自己的能力,那么今天的微软恐怕就是未知数了。

　　"生活往往有一种巨大的惯性,让人们在现有工作面前安分守己，不思进取，此时我们应该问一问自己的内心，这是否是你想要的工作，什么才是最适合你的？然后听从内心深处的呼唤作出选择。"这是美国著名黑人主持人奥普拉说过的一句话。如果没有听从内心召唤的选择，那奥普拉不会成为现在的奥普拉。对于美国来说，损失了一个主持人还会有另外一个，但对于她自己来说，恐怕就要一生蹉跎了。

我国著名的音乐家谭盾在刚到美国的时候为了维持成绩曾经在街头拉过小提琴。由于自己本身就非常喜欢拉琴，因此他并不觉得在街头拉小提琴是件多么不可忍受的事。但是，由于这种街头艺人在美国遍地都是，因此光有实力是赚不了钱的，只有选对了地段，才会有人捧场，才会赚钱。

在街头拉琴的时候，谭盾认识了一位黑人琴手，他们一起找到了一个黄金地段——一家银行门口。那里每天都有大量的人流，所以谭盾和黑人琴手每天都能有不错的收获。一段时日之后，谭盾靠着卖艺攒下的钱，进入音乐学校进修，于是谭盾和黑人琴手道别。

进入音乐学校，谭盾拜师学艺，还结识了许多琴技高超的同学。在学校的那段时间，谭盾把自己所有的时间和精力都倾注在提升音乐素养和琴艺之中。虽然在学校里谭盾没有像以前在街头拉琴有钱，但他的眼光是长远的。

10 年后，谭盾成了一名知名的音乐家。一次，他偶然路过以前自己卖艺的那家银行，发现昔日老友黑人琴手仍在那"最赚钱的地盘"拉琴。看着黑人琴手满足得意的表情，谭盾走了过去。黑人琴手发现当年的好友出现，很高兴地问："好久没见啦，你现在在哪里拉琴啊？"

谭盾说了一个很有名的音乐厅的名字，黑人琴手反问道："那家音乐厅的门口人也很多吗?"谭盾笑笑说:"还好,生意还行!"谭盾没有向那位黑人说明,自己早已不拉琴卖艺了,而是经常在那家著名的音乐厅中献艺。

10年的时间,使得两人的境遇发生了天壤之别。黑人琴手和谭盾一样努力,只是他是努力地拉琴,努力地保卫自己那块赚钱的地盘,而谭盾选择了进一步深造。不同的选择造成了不同的人生,最终结局也不同。

每个人的人生都是一路走来的,但在这条路上,人却总能遇到不同的节点,在不同的节点上朝不同的方向走,就会到达不同的目的地。一个人选对了路,那么他的人生就将成功辉煌,而选择错了,最后终将一事无成。选择的方向是错的,那么再怎么努力也是徒劳,南辕北辙的道理相信每个人都懂。

还有一点,人生的许多关键性选择不见得多么惊天动地,很多都是在不经意的小决定间完成,而这些不经意的小决定往往是一个人的人生观的真实反映。新东方的创始人、北大毕业生俞敏洪的例子就是这样。

当初俞敏洪只是北大的一个普通老师,创办新东方的初衷也并不是想创建一个这么大的学校,当时只不过是因为留学美国没有学费,因此不得不自己弄个培训机构出来,想赚够钱就走。但没想到一路做下来却为他开辟了一番新天地,让他成为中国民营英语培训界当之无愧的带头人。试想,如果俞敏洪在节点处没有选对,赚够了钱真的去了美国,那么他今天的境况如何,我们可就不得而知了。

不同的选择造就不同的人生,美国总统林肯曾经说过:那些所谓成功了的人，就在于他懂得作出正确的选择。有人说，人的一生就是一个选择的过程。这句简单的话道出了一个最朴素、最简单，也是最重要的哲理：人生成在选择。

我们有句古话叫做"男怕入错行，女怕嫁错郎"，说的就是这个道理。我们每个人，无论是对生活、爱情与婚姻、友谊，还是对职业、工作、事业等，都有着自己的想法，当我们为了实现心中所想而采取行动的时候，无论是成功了还是失败了，都是一种选择，而事实上的成功和失败，也是这一次选择的结果。

选择就是给自己定位，选择就是给自己寻找前进的方向，选择就是为自己把握人生命运，选择就是实现自己人生的目标。在这个世界上，通向成功的道路何止千万条，但要知道：所有的道路，都不是别人给的，而是自己选择的结果。

4. 放弃也是一种选择

幸福和快乐是一种相对的感受。如果为失去一件事物而懊悔苦恼，那么，失去的就不仅是那件事物，还有心情、时间和健康。

——徐光宪

当一条路走不通的时候，果断地放弃是最明智的选择；当两种东西不能兼得时，果断地放弃是一种智慧的象征。

在历史上，作为中国高等院校的北大曾经面临过无数次的取舍。在新文化运动大潮汹涌到来的时候，在自己承担压力保存新文化运动火种还是从校园里清除新文化保护自己之间，蔡元培先生选择了放弃自己。先生以身做盾，为传播新文化的老师和同学挡住来自于反动政府的压力,使北大成为新文化运动的中心。

在刚刚步入民国的时候,北大也面临一个重大的选择,那就是选择继续当保守的官办衙门还是成为现代化的大学。前者能够得到北洋政府的大力支持,大笔拨款会给北大带来莫大的物质财富,学而优则仕的道路也会为教授和学生们敞开。而选择后者不但会让学校财政变得拮据,而且教授和学生将会成为北洋政府的眼中钉、肉中刺,其前途可想而知。

但在这很多人都难以作出的抉择前,北大毅然决然地选择了后者,放弃了作为官办衙门那优厚的待遇,最终,成为民主、自由的现代化大学在中国大地崛起的象征。

在二者或多者之间作出合适的选择,这需要智慧。而在此路不通的时候选择放弃,则需要勇气。

18 世纪,美国的西迁运动和淘金热潮正在如火如荼地展开。在密西西比河的某个岔路口,两个牛仔正在为去哪儿淘金进行争吵。关于哪里有更多的金子,他们的意见出现了重大分歧,终于在分歧无法调和的时候,他们在一个河汊分了手,一个去了阿肯色州,另一个去了俄亥俄州。

很快 10 年时间就过去了,去俄亥俄州的那个牛仔果然发了大财,他在那里找到了大量的金子,他用这些金子建了码头、修了公路,使他落脚的地方成了一个大集镇。在这个集镇中,他是当之无愧的镇长。而进入阿肯色州的那个牛仔,自从他们在河汊边分手之后,他就没了音信。

转眼 50 年过去了,两个牛仔肯定都已经相继作古了。这天,一个重达 3 公斤的自然金块在阿肯色州的小石城引起轰动,直到这时,人们才知道了另一名牛仔的下落。小石城《新闻周刊》的一位记者曾写道："这颗全美最大的金块来源于阿肯色州，是一位年轻人在他屋后的鱼塘里捡到的，从他祖父留下的日记看，这块金子是他的祖父扔进去的。"

原来去了阿肯色州的那个牛仔也同样淘到了很多金子，并且在那里安家落户，有了子孙后代。作为一名淘金者，尤其是18世纪60年代，在那个正是美国开始创造百万富翁的年代，每个人都在疯狂地追求金钱，他为什么要把到手的金子扔掉？

后来，《新闻周刊》刊登了他的日记，揭开了谜底。他在其中的一篇日记中写道：昨天，我在溪水里又发现了一块金子，比去年淘到的那块更大。进城卖掉它吗？那就会有成百上千的人拥向这儿，我和妻子亲手用一根根圆木搭建的棚屋、挥洒汗水开垦的菜园和屋后的池塘，还有傍晚的火堆、忠诚的猎狗、喷香的炖肉、山雀、树木、天空、草原，以及大自然赠给我们的珍贵的静逸和自由都将不复存在。我宁愿看到它被扔进鱼塘时荡起的水花，也不愿眼睁睁地望着这一切从我眼前消失。"

有一句西方经典的谚语这样写道："紧握东西的双手，就什么也拿不下了；当你想要获得更多更好的东西时，你就要先把自己手中的东西扔掉。"阿肯色州的牛仔扔掉了一定会得到的富贵生活和显赫地位，但也因此得到了一个恬静而幸福的人生。

要想得到野花的清香，必须放弃城市的舒适；要想得到永久的掌声，必须放弃眼前的虚荣。放弃了蔷薇，还有玫瑰；放弃了小溪，还有大海；放弃了一棵树，还有整个森林；放弃了驰骋原野的不羁，还有策马徐行的自得。

人生苦短，要想获得越多，就得放弃越多。那些什么都不放弃的人，是不可能有多少收获的。其最终结果是对自己生命的最大的放弃，让自己的一生永远活在碌碌无为之中。

　　放弃，说到底也是一种选择。在不该坚持的时候，选择放弃同样是一种睿智。牛顿，这个人类历史上最伟大的科学家之一，他一生的成就都是来自于他 35 岁之前，那么 35 岁之后的牛顿又去了哪里呢？要知道牛顿可是一共活了 84 年的。在 35 岁之后的 50 年里，牛顿都在做同一件事情——炼金。这一早已被证明是笑话的东西，牛顿居然坚信不疑，把伟大的头脑全都用在了与药水和泥土打交道上面，甚至到晚年，明知道炼金是不可能的，还一再自欺欺人，最终郁郁而终。没人能够否认牛顿的才华，但试想如果牛顿能够早一日放弃炼金，那么他无疑将会为人类物理学留下更多遗产。

　　同样的例子出现在托马斯·爱迪生身上，当爱迪生有了一定的资本之后，他便将主要的精力放到了一件事——研究永动机上，经过了十几年的研究，最终爱迪生一无所获。但他并没有像牛顿一样执迷不悟，而是果断地清醒了认识，放弃了永动机，重新回到了科学的探索上来。

　　如果没有对错误的果敢放弃，那就没有辉煌的成功选择。我们常说：坚持到底就是胜利。可是要知道，坚持对的选择是坚持，坚持错的选择就是愚蠢。细想一下，其实懂得适时放弃也是人生的大智慧。没有果敢的放弃，就没有辉煌的选择。与其苦苦挣扎，拼得头破血流，不如潇洒地挥手，勇敢地选择放弃。

5. 适合自己的就是最好的

> 世间的一切事物，都可以分等级，婚姻也是这样。以当事者满意的程度为标准，我多年阅世加内省，认为可以分为四个等级：可意，可过，可忍，不可忍。我的婚恋大部分是"可过"加一点点"可忍"。
>
> ——张中行

什么叫婚姻？有人说，婚姻是美梦的开始，也是爱情的归宿。这句话说得不错，一对经历过刻骨铭心的爱情的恋人，无不期盼着最终圆满的婚姻生活。但就如张中行先生说的一样，人们真实的婚姻生活却并非都如构想中的一样美好，放眼望去，能拥有"可意"的婚姻的人寥寥无几。

什么是"可意"的婚姻呢？就是双方都称心如意。无论相貌、人品、职业、家庭，抑或是学历、才气、性格、爱好都能够让对方感到满意。但这样的"十全十美"，并不太好遇。再说，一方对另一方"可意"，但另一方却未必对此人"可意"。

而且任何事情都是不断发展变化的。谈恋爱的时候，双方都觉得"可意"。但过了一段时间之后，有一方就可能觉得"不可意"了。有的是因为发现了对方的毛病而"不可意"，有的是因为遇到了"更可意"的而"不可意"，还有的是因为一方取得成功而觉得另一方"不可意"。所以，婚前"可意"、婚后也一直"可意"的婚姻，实际生活中并不多。

为何可意的生活如此之少呢？关键是选择合适的人太难了。爱情和婚姻是否幸福，关键在于两个人是否交心，再好的伴侣如果没有共同语言，也是过不到一起去的。

张中行评价自己的婚姻，就自认为并不属于"可意"这一级。张中行幼年由家庭包办在农村订婚，17 岁时正式结婚。后来他在北大读书时，又与比自己小 5 岁的杨沫同居，并生下一个女儿。但最终二人分手，张中行又回到前妻身边。无奈他与前妻并没有多少共同语言，在婚姻中只负了一个作为丈夫的责任，丝毫没有感受到那如胶似漆的幸福。

同样是在北大，胡适之先生的婚姻亦是如此。胡先生的妻子江冬秀也是经过母亲一手包办的，对此十分孝顺的先生并没有提出异议。但江冬秀是典型的农村女子，恪守三从四德，而胡先生是中国新文化运动的代表，有着领先于国人的新思想，在这种情况下，两个人的婚姻生活就可想而知了。其实胡适之先生也并非没有自己的红颜知己，只是无奈母命不可违，因此终其一生我们可以看到，胡先生虽然在学界和政界都拥有了极高的地位，但婚姻生活却不尽如人意。

人们常常把婚姻比作鞋子，说"鞋子穿在自己的脚上，舒服不舒服只有自己知道，婚姻幸福不幸福也只有自己知道"。一双皮鞋再名贵，如果穿着不舒服，那么肯定是会磨起一脚大泡的；伴侣再优秀，如果不适合自己，那婚姻也是得不到幸福的。因此我们可以说，任何事都像婚姻一样，对于不同的人，"好"并没有统一的标准，只要是适合自己的，那就是最好的。

贺文元在一家策划顾问公司里面长期负责企业的评估和危机的处理，在很多案子上面，他都有独特的处理方式，曾经给很多濒临破产的企业开出起死回生的"药方"。这样工作了几年，逐渐地他有了跳槽单干的想法。

他认为既然自己能够指导别人取得成功，自己也一定能打造出一个成功的企业。于是，他辞去顾问的工作，改行去创业，当起了老总。但是，令他想不到的是，他以前那些灵验的"药方"放在自己的企业就不灵了，不但每天都累得筋疲力尽，而且因为工作不顺利，收入反而比以前还少。

伊索寓言里面有这样一个故事：

一只公鸡登上一堆沙土，在上面刨得不亦乐乎，它忙忙碌碌地想找点食物，最后却翻出了一颗硕大的珍珠。看着这颗珍珠，公鸡自言自语地说道："这个宝物虽然光彩夺目，对我却毫无用处，还不如找到一颗麦粒，用它来填饱肚子。看看院子里的其他牲畜，它们也都是只喜欢吃麦粒，要这珍珠干什么呢？我用不着佩戴这个宝物，也不想用它来打扮自己，就让人们去把它当作宝贝吧！"说罢，公鸡把珍珠丢到一边，继续去翻找它的麦粒。

当我们抬起头看看周围，能够如公鸡一样放弃不适合自己的珍珠继续寻找麦粒的人实在是少之又少。有的人向往和羡慕着别人的生活和工作，甚至有意无意地去模仿别人，总是觉得别人拥有的都是最好的，最后不但失去了自我，连最初的目标也忘记了。

歌德这样说："你最适合站在哪里，就应该站在哪里。"一粒孕育着生命的茶树苗，只有在红色的酸性土壤中才能茁壮成长。如果你把它种在肥沃的黑土地上，即使这茶树苗的本质再好，即使土壤的养料再高，它也是难以茁壮成长的。生活也是一样，我们只有找到适合自己的爱人，适合自己的职业，适合自己的学习方法，适合自己的生活方式，适合自己的养生之道，才能够让自己沐浴在幸福的阳光下。

世界上从来没有两片相同的树叶，人生的选择也是多种多样的，但是不管作出什么样的选择，都要像选鞋子一样，找出自己最合适的一双，这样才能让自己的人生过得舒适。

6. 坚持的力量

我要读世界上最好的书，以古人为友，领会最好的思想。

——贺麟

我们一直在强调选择的重要性，但在现实中我们却看到，有很多人选对了方向，但却并没有获得成功，这是为何呢？主要的原因就在于缺少坚持。

譬如说我们要打一口井，首先自然要选择一个有水层的地方，如果地下没有水，那么我们这井打多深也是没有用的。在选对了方位之后，能否打出水来那就要看我们是否能够坚持了。如果水层在20 米深处，那么我们打到 19.5 米也是不行的。我们看到很多不成功的人就是因为这一点，他们的井只打到 10 米、15 米深就半途而废了。

20 世纪 30 年代，北大校长胡适之先生在一次对毕业生讲演的时候就特别提出过叫大家"不要放弃、坚持下去"的忠告。在胡适之先生看来，一个人走向做文学的道路已经不易，如果不能坚持下去半途而废的话，那就十分可惜了。

胡适之先生说："以前的功课也许一大部分是为了这张毕业文

凭，不得已而做的。从今以后，你们可以依自己的心愿去自由研究了。趁现在年富力强的时候，努力做一种专门学问。少年是一去不复返的，等到精力衰竭时，要做学问也来不及了。即为吃饭计，学问也决不会辜负人的。"

可以说，胡适之先生的这段话实在是至理名言，在他的指导下，很多当时的北大学子都从以学为业变成了以学立身。比如傅斯年、罗家伦、殷海光等，都把大学里所学的专业坚持了一生，成为中国文化界的一杆杆大旗。

人的一生总要面临许许多多的选择，有些人最后成功了，因为他们作出了正确的选择；有些人失败了，但并不因为他们的选择一定错误，而是他们不能坚持。

无论是回顾历史，还是环视周围，我们在大多数成功者的身上都不难发现同一个特点，那就是坚持。对于已经作出选择的事情，他们从不畏首畏尾，只要他们下定了决心，他们就能勇敢地坚持，克服一切困难，直至成功。而那些失败的人在困难面前大多都选择了放弃，他们承受不了前行过程中的种种打击与挫折，没有敢于坚持的信念，因此最终只能以失败告终，眼睁睁看着机会从自己手边溜走。

说起伊芙琳·格兰妮，相信很多喜欢音乐，尤其是打击乐的读者都不陌生。格兰妮出生于苏格兰东北部的一个农场，8岁时她在父亲的指导下开始学习钢琴，并渐渐地显露出了她在这方面的天赋，随着年龄的增长，她对音乐的热情与日俱增，并最终决定要以音乐作为自己一生的追求。

但是天妒英才，在她正为自己的音乐之路踌躇满志的时候，厄运降临到了她的身上。从10岁开始，她发现自己的听力渐渐地开始下降。一开始她还以为是自己太过劳累、用耳过度的原因，但随着病症越来越严重，她被家人送到了医院。

在医院里，医生们为她做了诊断。诊断的结果是她的耳朵渐渐失聪是由于神经损伤造成的，而在当时，神经损伤是难以康复的。

后来病症的发展果然如医生所料，到了格兰妮12岁的时候，她的耳朵彻底失聪了。见此，周围关心她的亲戚朋友都纷纷劝她改学其他专业。可伊芙琳的梦想是成为打击乐独奏家！

就在她快要崩溃的时候，她的姨妈对她说："别人的观点阻挡不了你的热情，不要去管别人说什么，你只需要朝着自己心里认为是对的方向努力就行。"

从这以后，伊芙琳义无反顾地坚持自己的目标。她学会了用不同的方法聆听其他人的演奏。她只穿着长袜演奏，这样她就能通过她的身体和想象感觉到每个音符的振动，她几乎用她所有的感官来感受着她的整个声音世界。

她向伦敦著名的皇家音乐学院提出了申请。因为以前从来没有一个失聪的学生提出过申请，所以一些老师反对接收她入学。但是她的演奏征服了所有的老师，她顺利地入了学，并在毕业时荣获了学院的最高荣誉奖。后来她为打击乐独奏谱写和改编了很多乐章，成为世界第一名女性专职打击乐独奏家。

面对生活中的困难和挫折，我们总喜欢教导别人不要太过执拗，要懂得变通，但却忽略了"精诚所至，金石为开"这句古话。当我们明确了自己选择的这条路是正确的，就应该坚持下去。即使有再大的困难，只要我们勇于坚持，最终一定会获得成功。

一个失聪的人能够成为一名音乐家，这告诉我们，在很多时候，并不是因为我们的选择不正确而导致我们的失败，主要原因还是因为我们不敢迎难而上，不愿意接受人生的各种挑战。要知道，冰冻三尺，非一日之寒，要想无坚不摧，就必须勇敢地坚持自己的选择，并为之不断奋斗和努力。一个优秀的人是敢于拼搏的人，最后不管是成功还是失败，只要他努力坚持过，就能书写出人生最华丽的篇章。

韧性决定成败，在现在这个竞争越来越激烈的世界上，没有哪一种成功是一蹴而就的。在漫长的人生路上，要想取得成功，就必然要经历无数次的失败和挫折，经历无数次的磨难与考验，这就需要我们用强大的毅力去披荆斩棘、超越挫折。在困难面前坚持下去，是我们战胜困难的前提。

很多时候，我们站在人生的十字路口，想要前进却分辨不出方向，等好不容易找到了方向迈出了第一步，我们却又胆怯得不敢前行，这样的人是永远到达不了胜利的终点的。选择也许只是一瞬间的事，但成功却是一步步的历程，因此在成功的人生中，正确的选择固然关键，但比这还要关键的是选择之后的坚持。

我们要勇敢地、义无反顾地坚持下去。不管你的选择是什么，只要你定下目标，勇敢去做，你就能获得成功。只要你永不放弃拼搏，相信总有一天会迎来成功的喜悦。

7. 失之东隅，收之桑榆

献身于科学研究就没有权利再像普通人那样活法，必然会失掉常人所能享受到的不少乐趣，但也会得到常人享受不到的很多乐趣。

——王选

"失之东隅，收之桑榆"这个典故出自范晔的《后汉书》，指的是在某一方面失败了，而另一方面却得到了补偿。在现实生活中，我们经常能够看到很多人为失败或者不成功而苦恼沮丧，但实际上，如果他们能够好好想想这句话，相信一定能够豁然开朗。

在北大百年历史上，"失之东隅，收之桑榆"的事例屡见不鲜，甚至可以说，北大本身就是一个"桑榆之成"。

北大的前身是洋务运动时期开办的京师大学堂，属于清政府管理的衙门，这一点无论从师资、管理者、学生还是所开课程上来看都一目了然。第一任校长孙家鼐先后任礼部尚书、体仁阁大学士、资政院总裁，是典型的行政官僚。但是随着辛亥革命的到来，王权专制的倒台，北京大学也走上了一个历史的节点，是继续作为官办衙门服务于北洋军阀政府还是走现代化大学的独立发展道路，北大必须作出选择。

如果做前者，北大将保证自己在国内学界泰山北斗的地位，政府拨款也将会被保留，老师和学生的待遇甚至还会更加优厚；而选择后者将会是一条前途未卜的探索之路。

在这个节点面前，时任北大校长的蔡元培先生毅然地选择了后者，摒弃了那些优厚的待遇，坚持走独立发展、思想自由的道路。

蔡元培先生的这一选择，给北大带来了一些挫折，尤其是在政府拨款上面，但因为走独立发展的道路，北大也从此彻底摆脱了官办衙门的保守习气，彻底成为培养中国人才的摇篮。

失去固然是一种痛苦，但在不得不作出放弃的选择后，为失去的东西过于消沉而无法自拔则更是愚蠢。面对失去正确的态度应该是忘记，转而朝着另外一条路大踏步地走去，用再一次的收获来弥补这一次的失去。

几乎人人都知道，在年轻的时候，鲁迅先生的志向是做一名医生，用医术来拯救孱弱的中国人。但当他年纪越大，见识越多，他便越感到医术不能医治中国人精神上的病症，转而投身于唤醒更多人的文学上来。"失之东隅，收之桑榆"，可能连他自己都没有想到，当年这个痛苦的选择能够让他成为一代文豪，成为中国人自强、反思和探寻的象征，为后世不断地敬仰和怀念。

同为北大教授，熊十力的历程比鲁迅先生还要坎坷。熊十力早年参加辛亥革命和护法运动，意图救中国于水火，但屡经失败后，他心灰意冷，对任何革命都不再抱有任何希望，将后半生的全部精力都放到了学术上面。"失之东隅，收之桑榆"，这一痛苦的抉择虽然让中国少了一位革命家，却为中国佛教史和哲学史研究增添了一位杰出的学者。

看看上面这些北大人的例子，我们应该有所感悟，其实有的时候，失去也不完全是一件坏事。生活中总有不如意，如果我们一味悲伤或者抱怨哀叹，只能让自己心情更加郁闷，而不能解决任何问题。这时就不如振作起来，做应该做的事，说不定还能因此开辟出一片新天地来。

艾柯卡在福特汽车公司工作，因为在销售方面的天赋，使得他的业绩节节攀升，于是他慢慢从一名普通的员工变成了福特公司的总裁。看到自己的公司被一个极有能力的人所控制，福特公司的老板——福特二世开始担心起来，于是忍痛辞退了艾柯卡这个为公司带来卓越业绩的人才。

艾柯卡离开了福特这个极好的舞台，一开始他还为自己失去了这块蛋糕而闷闷不乐，但后来他的内心却燃起了熊熊烈火，决定从哪里跌倒就从哪里爬起来。纵然自己失去了一个好的平台，但不见得以后就不会遇到更好的机会。艾柯卡下定决心，一定要向福特二世和所有人证明自己的才能，一定要取得比在福特公司还要卓越的成绩。

在离开福特公司之后，艾柯卡大胆地选择了面临破产的克莱斯勒汽车公司。他到克莱斯勒后，对公司实行了大刀阔斧的改革，关闭了几个工厂，辞退了三十几个副总裁，解雇了上千名员工。一系列的"瘦身"行动为公司节省了很大一笔开支。艾柯卡把有限的资金都花在了最关键和最能发挥作用的地方。

通过市场调查，充分洞察人们的消费心理，于是艾柯卡根据市场需要，以最快的速度推出新型车，从而逐渐与福特、通用三分天下，成功使克莱斯勒汽车公司"死而复生"，将其打造成为美国第三大汽车公司，创造了一个震惊美国的神话。

如果在福特公司的艾柯卡是福特的"国王"，那么在克莱斯勒的艾柯卡无疑就是美国汽车业的"国王"。这个美国汽车业无与伦比的天才，在1984年由《华尔街日报》委托盖洛普进行的"最令人尊敬的经理"的调查中，艾柯卡居于首位。

其实，人生就是得与失的过程，没有失去，也就不会有新的得到。印度大文豪泰戈尔曾经说过："如果你为失去太阳而流泪，那么你也失去了星星和月亮。"一个能够成大事的人是不会纠结于一方面的失去的。为失败沮丧是人之常情，但在沮丧之后就应该振作精神，以便取得再一次的成功，这才是一个做大事者应有的气魄。

生活，需要享受收获的喜悦，也该享受"失去"的"乐趣"。当我们为在某一方面的失去而闷闷不乐、灰心丧气的时候，也许另一方面的得到正在向我们走来。"塞翁失马，焉知非福"，坏事到了最后也有可能变成好事，这就要看你有没有耐心等到好事的到来了。

第 2 章
一帆风顺只是一种美好的愿望

假如你选择了天空，就不要渴望风和日丽。假如你选择了海洋，就不要渴望一帆风顺。假如你选择了远方，就不要渴望道路平坦。用你的平常心去面对生活中的坎坎坷坷，珍惜曾经的小成就，也珍惜曾经的小失败。

1. 像水一样柔，也像水一样强大

但在研究学问时，则必须有谦虚的态度，应知自己在知识的海洋中只能涉足于一二小小的角落而已。因此，研究学问，一方面要能独立思考，不受古往今来任何成说的束缚，一方面要有谦虚的态度，承认自己学识寡浅。既要有创新的勇气，又应自视歉然、深感自己的不足。

——张岱年

老子的《道德经》里面有一句话："上善若水，水善利万物而不争，处众人之所恶，故几于道。居善地，心善渊，与善仁，言善信，政善治，事善能，动善时，夫唯不争，故无尤。"这句话的大概意思就是说：水是人世间最柔的，但也就因为柔，水却又是强大的。水是人世间最无争的，但正因为无争，水又是不可战胜的。

老子的这段话形象地说出了水的特征，其实对于有些至善的人来说，他们也是有着和水一样的特性的。作为汉字激光照排系统的创始人，王选就是一个这样的人。

王选1958年毕业于北京大学。从北大毕业以后，王选一直留在北大教书，先后任副教授、教授和北京计算机研究中心所长。20年一路走过来，每个人都看到了王选在事业上的进步，但很少有人知道，王选其实是一个与世无争的人。在对待生活的态度上，王选就像水一样，看淡一切，什么权位、什么官职在他眼里通通被无视。

但这并不意味着王选就没有欲望，他的欲望就是为中国文字印刷技术赶上世界先进水平而努力。

为了这个目标，王选几十年如一日地工作在研究所中，失败了再来，失败了再来，终于他这无比坚韧的内心和勇于探索的精神为他打开了一扇成功之门。1992 年，王选研制成功世界首套中文彩色照排系统，为汉字走进计算机时代立下了不世之功，并因此被人称为"当代毕昇"。

水是很柔，但并非弱，水的强大是一股内劲，只表现在它应该表现的地方。"永远不要低估一个冠军的心。"这是 NBA 著名球星和教练员汤姆贾诺维奇说过的一句话。1992 年，汤姆贾诺维奇出任休斯顿火箭队主教练，尽管在打球的时候作风非常硬朗，但到了执教的时候，他的风格却非常谦和，一时有儒帅之称。

在 1993—1994 赛季，汤帅带领火箭夺得了总冠军。但到了1994—1995 赛季，因为前一赛季已经夺得了冠军，队员们的心理开始膨胀，对荣誉的执着也开始下降。在这种情况下，火箭队的开局打得非常糟糕，成绩一落千丈，汤帅在媒体面前积累的声誉也一夜之间损失殆尽，对他和全队的批评纷至沓来。

面对媒体的口诛笔伐，汤帅选择了沉默和坚持，他依然不改他儒帅的风度，指挥比赛依然镇定自若，对队员依然关怀有加。在汤帅如此行为的感召下，队员们终于重新振奋了精神，在余下的季后赛里，表现出了作为冠军应有的水平，最终成功卫冕。

汤姆贾诺维奇的坚韧让我们为之动容，一个心如止水，有着海纳百川的胸怀又有着水滴石穿的坚韧的人，还有什么事情是做不到的呢？

人生在世，难免会遇到各种各样的挫折，在遇到挫折的时候，我们就应该像水一样柔而不弱，既可使自己的心灵免于受伤，又能够积蓄力量，再度前行。

美国著名盲人作家、社会活动家海伦·凯勒就是一个内心十分坚韧的人。海伦女士在她只有19个月的时候因为一次连续几天的高烧，治愈后留下后遗症，失去了视力和听力。这个打击对于任何一个人来说几乎都可以说是毁灭性的，但是凯勒女士却并未被击倒。

在接下来的既黑暗又寂寞的世界里，她顽强地克服了一切苦难，在导师安妮·莎莉文女士的帮助下，她不但学会了读书和说话，并开始和其他人沟通。而且她还以优异的成绩从哈佛大学拉德克利夫学院毕业，成为一位学识渊博，掌握英语、法语、德语、拉丁语、希腊语五种文字的著名作家和教育家。

在成名之后，海伦女士走遍世界各地，用她的影响力为盲人学校募集资金。海伦女士把她的一生献给了盲人福利和教育事业，最终获得了世界各国人民的赞扬，并得到许多国家政府的嘉奖。

既看不见又听不到的海伦女士是柔弱的，但她的内心却是强大的。她的世界里虽然只有黑暗，但她却给全世界的盲人带来了光明。

一个人是否强大，主要是看他的内心是否坚韧。内心坚韧的人，是有着绝对的自信的，在面对任何困难的时候，他们都会从容不迫，应对自如。在处于困境的时候，他总能泰然处之，韬光养晦，寻找机会战胜困境。

遇到险阻时，能绕则绕，绕不过去则积聚力量冲破阻拦；无法冲破阻拦则化成气体逃脱别人的掌控，逃脱不了则静静地等候一万年；遇冷则抱团成钢，遇热则静悄悄分批撤离；强大时则无视一切，但强大与弱小它都能不急不躁地守候下去，即使守候到永远。这是水的生存方式，至柔又至刚。一个像水一样生活的生活方式是一个恬静舒适的生活方式，而一个像水一样的人则是一个睿智而强大的人。

2. 生命的真相就是不圆满

每个人都争取一个完满的人生。然而，自古及今，海内海外，一个百分之百完满的人生是没有的。所以我说，不完满才是人生。

——季羡林

苏东坡有句诗词说得非常好："人有悲欢离合，月有阴晴圆缺，此事古难全。"是啊，每个人都有自己的遗憾，没有缺憾的人生并不存在。

作为中国现代逻辑学的开山祖师之一的北大哲学系教授金岳霖先生，他的人生也有着重大的遗憾。金先生执着于对一个女人的恋情以至于终生未娶，此女就是民国时期著名的才女，建筑学家林徽因。

金先生和林女士早年相识，金先生对她一见倾心，只可惜林女士已有婚配，为此，金先生每每慨叹，恨自己未能早些与林女士相识。但即便如此，金先生依然深爱着林女士，甚至于和林女士的丈夫梁思成先生成了至交。后来，林女士和梁先生相继去世，金先生孤独终老，但每每回忆起自己对林女士的单恋，金先生非但没有一丝悔恨，相反倒是有很多的甜蜜回忆。金先生认为，人生在世总不能事事如愿，自己能守在林女士身边这么多年，虽然不能朝夕相对，但偶尔能小坐、畅谈一番，已经是足够幸福的了。

我们后人看金岳霖先生这番作为与胸怀，相信很多人都要自愧不如。每每当我们自己不顺心、不如意的时候，哪怕只是一件小事，都能引来满腹的牢骚和怨恨，甚至会迁怒于人。

北大三老之一的季羡林先生曾经这样描述过：早晨在早市上被小贩"宰"了一刀；在公共汽车上被扒手割了包，踩了人一下，或者被人踩了一下，根本不会说"对不起"了，代之以对骂，或者甚至演出全武行；到了商店，难免买到假冒伪劣的商品，又得生一肚子气……谁能说，我们的人生多是完满的呢？

由此我们可见，其实幸福的人与不幸的人并没有什么特殊的不同，只不过是幸福的人少了一些不满，多了一些知足而已。

有一个人对自己悲惨坎坷的命运深感悲哀，无奈之下，他只能祈求上帝改变自己的命运。上帝对他说："如果你能够在人世间找到一位对自己的命运心满意足的人，我将为你改变命运。"于是，此人开始了漫长的寻找之旅。在这个人看来，这样的人有很多，很容易就可以找到。

他首先找到了他认为最应该满足的人——国君。他来到皇宫，询问国君是否对自己的命运满意，国君叹息说："我虽贵为国君，却日夜提心吊胆，寝食难安，我担心自己的王位能否长久，担心国家能否长治久安。事实上，我还没有一个流浪汉过得快活。"那人听了国君的话，也不免困惑，于是他又找到了流浪汉。远远地看过去，在晒着太阳的流浪汉是那么满足，那人觉得自己找对了人，于是上前询问。流浪汉奇怪地望着他说："你开什么玩笑？我每天过着食不果腹、衣不蔽体的生活，怎么可能对命运满意？其实我们每天都在诅咒上天的不公。"

那人还是不甘心，他走遍了很多地方，询问了处在各个阶层、从事不同工作的人，可是每个人都说自己对命运不满意，人人都对自己的现有生活有所抱怨。最终，这人有所感悟，从此不再抱怨自己的生活。这个时候，上帝出现了："你现在是否还觉得自己的生活很悲惨？"那人摇摇头说："不，我现在才明白，每个人的生活都有不尽如人意的地方。以前是我在苛责生活，才会觉得生活很不容易。其实，在我的生活中有很多令我满意的事情，我现在很满足。"上帝笑笑说："看吧，你的命运已经在改变了。"

法国的卢浮宫是当之无愧的人类艺术品殿堂，在卢浮宫里有这样两个艺术品被称为"镇宫之宝"，它们是维纳斯雕像和胜利女神像。但可惜的是，这两件伟大的艺术品都是残缺的，不知什么原因，维纳斯雕像失去了臂膀，而胜利女神像，据史料记载就没有人看到过她的头颅。断臂的维纳斯和无头的胜利女神，谁能说她们是完美的呢？但也许正因为这份残缺，才给人们带来了无限的遐想，进而把它们推向了难以企及的艺术巅峰，由此看来，其实缺憾有时恰恰是一种"完美"。

在这个世界上，没有任何未发生的事是完全按照个人的意愿来进行的，完美的人生在现实中并不存在。当现实生活与我们的愿望发生违背或者冲突的时候，对生活的种种不满就因此产生了。由此我们可以看出，人生的苦恼很多时候都是咎由自取。既然这样，我们就不如把心态放宽一点，多一点知足的心理，这样我们才可能让生活"常乐"。

3. 平坦大道到不了顶峰

人的一生总会遇到很多困难的，学会这种使矛盾的一方（苦难）向对立面（有利）转化的辩证法，你会终身受益的。　　——徐光宪

喜欢登山的人都知道，越是巍峨的高山，上山的路径就越显得艰难，只有通过不断的攀爬，克服一个又一个的陡壁悬崖，最终我们才能登上峰顶，体验一览众山小的感觉。随着旅游业的发达，无论是像华山、泰山这样的五岳奇峰，还是像庐山、峨眉山这样的旅游胜地都修建了公路，但这些平坦的公路只能到达山脚，如果要想上山，我们还必须进行徒步的攀登。

其实人生也是如此，我们每个人都有自己的理想，都想要攀登到自己想要到的高峰，但同样，人生的高峰也没有坦途可以通往，只有历经坎坷、勇于拼搏才能最终实现。

北大原校长，中国著名的经济学家马寅初先生，就是一个历经了无数坎坷的人。马寅初先生早年间留学于美国的哥伦比亚大学，以一篇名为《纽约市财政》的论文一举成名，成为誉满经济学界的新秀。1915 年，马寅初回国并执教于北京大学，在北大任教期间，马先生还利用其他时间兼任了浙江兴业银行顾问、中国银行总司券、中国经济学社社长等职，可谓名噪一时。

但是这些显赫的名声和地位并没有给马先生带来多大的实惠，相反却成了他不幸的源泉，由于本着一个读书人的良心，马先生到处揭露政府在财政方面的弊端，因此屡屡遭到不法官员和当局的嫉恨。终于在 1940 年因揭发国民党当局上层有人营私舞弊、贪污腐败

大发国难财的问题之后，马先生被投入了监狱。

中华人民共和国成立后，马先生被政府请回，最高就任北京大学校长，并兼任政府经济顾问。但因为书生脾气，马先生在 1957 年的最高国务会议上提出了自己的新人口论，这一论点与当时的主流观点相左。也因为如此，他经受了很多磨难和挫折。如果放在一个普通人的身上估计早就被压垮了，但先生坚持了过来，最终等到了云开雾散的那天。1979 年，先生被恢复名誉，和他一起翻身的还有他的新人口论。现在，虽然先生已经作古了，马先生作为一位敢做敢说的学者，会被后世的经济学者永远铭记。

著名战争电影《南征北战》我们都看过，该片有这样一个情节：

国共双方正在争夺一座山的制高点——凤凰顶。当时的国民党军队有汽车加大炮，而共产党的军队只有两条腿和小米加步枪，两军共同向凤凰顶开去。

镜头一边，国民党军队坐着汽车走平坦大路，有条不紊优哉游哉地前进，而镜头的另一边，共产党军队则依靠两条腿与国民党"赛跑"，士兵们甩掉所有的重装备，轻装前进。一对国民党的侦察飞机看到此情此景，报告给了行军的长官。获知情报的一位国民党军队的高级指挥官扬扬得意地说："我就不相信，他们的两条腿能比过我们这四个轮子去！"

然而，正如平坦大道到不了顶峰的道理一样，最终，还是共产党的军队用两条腿超过了国民党军队的四个汽车轮子，他们率先登上了凤凰山，抢占了有利地形，最终也取得了战斗的胜利。

马克思曾经说过："只有不畏劳苦沿着陡峭山路攀登的人，才有希望达到光辉的顶点。"因此，那些光想走平坦大道、不愿走曲折和崎岖道路的人，那些光想一生走直路、不愿绕弯路，更不愿意走深渊峡谷的人，那些乐于享受、过安逸的日子，不愿吃苦受罪，担心步入歧途，害怕攀登险峰的人，是到不了人生的"顶峰"的。

我们如果要想到达光辉的"顶峰"，必须树立自信，要有勇气，不怕人生坎坷，不怕艰难险阻，生命不息，奋斗不止。如果有人告诉你，到达人生的"顶峰"有平坦笔直的捷径可走的话，那么你千万不能相信他，也不能因此动摇自己的意志和信念。

我们都熟悉的清朝大商人胡雪岩，他的一生也并非一帆风顺的。胡雪岩幼时家境贫寒，为了养家糊口，作为长子的他经亲戚推荐，进钱庄当学徒，从扫地、倒尿壶等杂役干起。等到中年成名之后，由于名声太旺，也被别人所嫉恨，几次起落，甚至多次命悬一线，最终才成就了自己的商界帝国。

一个人能否获得成功，有没有坚定的意志和战胜一切困难的毅力是关键，而一个没有遇到过任何磨难的人是不可能培养出这两方面的素质的。鲁迅先生说过："生活太安逸了，人的精神就被生活所累了。"只走平坦大道的人是不可能登上崇山峻岭的顶峰的，只贪图安稳不敢冒险的人也是到不了人生的"顶峰"的。确实是这样，不管做任何事情，任何优越的环境条件都是外因，都不是胜负的决定性因素，决定性的因素是人。要想做一个有成就的人，我们就必须树立不怕吃苦、勇于攀登高峰的信心。

4. 岂能尽如人意，但求无愧我心

人生不如意事十之八九，可与人言无二三。

——周一良

人的一生是奋斗的一生，但是有的人的一生过得很伟大，有的人的一生过得很琐碎。如果我们有一个伟大的理想，有一颗善良的心，我们就会把许多的琐碎的时间变成一个伟大的生命。

——俞敏洪

"岂能尽如人意，但求无愧我心。"这是明朝开国宰相刘伯温自勉的一句话，这句话的意思是告诉自己，人生总会有些不如意的事，这些事无论你想与不想、接受与不接受，都是不可避免的。与其为了不如意的事辗转纠结，还不如放宽心，求一个无愧于己就好了。

其实人生就像一场旅途。在旅途中，有平坦的大道自然也有崎岖的小路，有怡人的花香自然也有令人讨厌的蛇蚁，没有任何人是一帆风顺走到终点的。即使你再努力再小心，也总会遇到不如意的事情，当这些事情不可避免地发生时，保持一个良好的心态就显得尤为重要了。

北大著名教授、中国史学界的泰斗顾颉刚先生就是一个能够看得开的人。顾先生年少成名，在国史尤其是上古史方面有很深的造诣，名动一时。但是顾先生有严重的口吃，如果说只作为一个学者，那倒也没什么大碍，但作为要上讲堂和学生交流的教授，这个问题就显得非常严重了。

当年在北大上课时，顾先生严重的口吃再加上浓浓的苏州口音让听课的学生痛苦不堪，纷纷向学院反映。了解到情况的顾先生并没有生气，而是想办法改变讲课风格，在以后的课堂上，顾先生能不说话就尽量不说话，大部分都用板书代替，一节课上下来经常要写近千字的板书，常常累得大汗淋漓。

看到此情况，同为史学大家的钱穆先生曾调侃顾先生说："颉刚长于文，而拙于口语，下笔千言，汩汩不休，对宾客则讷讷如不能吐一辞。闻其在讲台亦唯多写黑板。"对于朋友的调侃，顾先生也不以为意，反而更加下功夫在板书上面。他认为口吃是自己固有的毛病，想改掉是不可能的，既然如此，那就不如另辟蹊径，凡事总不能全如人意，因此只要尽心，那么也就无愧于学生了。

人生不如意事有很多，有先天缺陷，也有时运不济。像顾颉刚先生，虽然因为口吃无法和学生交流，但能够采用另一种方法把知识传授给学生，也可以说是无愧于心了。还有一些人，他们并没有先天的缺陷，而是时运不济，想成就一番事业，为此也付出了大量的心血和努力，但结果却总是不尽如人意。

北宋著名政治家、改革家范仲淹一生致力于政治改革，希望能够通过这种办法肃清官场、增强国力，但是最终却还是以失败收场。但是他的功勋卓著已经成就了他一生的辉煌。他几经沉浮，大起大落，但每一次他都能够坦然面对，宠辱不惊。

天圣六年，范仲淹荣升秘阁校理——负责皇家图书典籍的校勘和整理。秘阁设在京师宫城的崇文殿中，秘阁校理之职，实际上属于皇上的文学侍从。在此，不但可以经常见到皇帝，而且能够耳闻不少朝廷机密。对一般宋代官僚来说，这乃是难得的腾达捷径。

范仲淹一旦了解到朝廷的某些内幕，便大胆介入险恶的政治斗争。当时刘太后执政，范仲淹认为于理不合，于是，上奏要求刘太后还政于仁宗。结果被一纸诏书调往河中府任通判。三年后，刘太后去世，范仲淹重回京师做右司谏。

没过多久，宋仁宗废后，范仲淹作为谏官，直言上奏，结果被远放江外，去做睦州知州。后因治水有功，再次被调回京师任开封知府。宰相吕夷简诬蔑范仲淹勾结朋党，离间君臣，范仲淹便被褫夺了待制职衔，贬为饶州知州。

后西夏入侵大宋，52 岁的范仲淹，先被恢复了天章阁待制的职衔，转眼间又荣获龙图阁直学士的职衔。在范仲淹的努力下，大宋边境得以安宁。此时的范仲淹达到了人生的顶峰，主持了"庆历新政"。

"庆历新政"失败后，范仲淹被革除了一切军政大权。庆历六年，范仲淹被贬居邓州。在这期间，写下了著名的《岳阳楼记》，算是对他一生的总结。"登斯楼也，则有心旷神怡，宠辱皆忘……""不以物喜，不以己悲……"

范仲淹死后被朝廷谥为文正，这是对他一生的褒奖，范文正公虽然屡经磨难、失败，但他一番忧国忧民的情怀和不懈的努力，是绝对配得上"文正"这两个字的。

其实，人生是否有价值，并不是看你成就了多少事业、做了多少如意的事，而是你有没有切切实实地努力过。一个人，只要曾经不遗余力地为自己的目标努力过、争取过，那无论事情成功与否，他的人生就都可以说是成功的。我们翻开青史，很多大英雄其实终其一生也是没有完成他们的志愿的，但因为他们一生都在奋斗，所以人们依然敬仰他们。比如岳飞，他精忠报国，一心直捣黄龙，迎回徽、钦二帝，但是却惨死于风波亭；比如袁崇焕，他经略辽东，为大明抗击后金，却被诬以通敌卖国……这些英雄人物虽满腔热血、兢兢业业，却也未能让事事尽如人意，但是他们做到了无愧于心。

生活永远都不可能像我们构想的那样完美，因此，我们不能苛责自己的生活中一定要有什么。要明白，人生的真正意义在于对得起自己的心，只要内心无愧，那我们就是成功的。

5. 福中有祸，祸中有福

走运与倒霉，表面上看起来，似乎是绝对对立的两个概念。世人无不想走运，而决不想倒霉。其实，这两件事是有密切联系的，互相依存的，互为因果的。说极端了，简直是一而二二而一者也。走运有大小之别，倒霉也有大小之别，而二者往往是相通的。走的运越大，则倒的霉也越惨，二者之间成正比。中国有一句俗话说："爬得越高，跌得越重。"形象生动地说明了这种关系。

——季羡林

"祸兮福之所倚，福兮祸之所伏。"这是老子《道德经》里面的一句话。老子通过这句话想告诉我们的是，祸与福其实在对立的关系外还存在着一种相互转化的关系，在一定的情况下，祸事可以变为喜事，而喜事也可以变成祸事。

老子这个道理来自于一个很老的故事：

以前，有位老汉住在与胡人相邻的边塞地区，来来往往的过客都尊称他为"塞翁"。塞翁生性非常达观，看问题与为人处世的方法也显得与众不同。

有一天，塞翁家的马不知什么原因，在放牧时竟迷了路，没有回来。邻居们听到这一消息以后，纷纷表示惋惜。可是塞翁却不以为然，他反而劝慰大伙儿："丢了马，当然是件坏事，但谁知道它会不会带来好的结果呢？"

果然，没过几个月，那匹迷途的老马又从塞外跑了回来，并且还带回了一匹胡人的骏马。于是，邻居们又来向塞翁贺喜，并夸他在丢马时有远见。然而，这时的塞翁却忧心忡忡地说："唉，谁知道这件事会不会给我带来灾祸呢？"

塞翁家平添了一匹骏马，使他的儿子喜不自禁，于是就天天骑马兜风，乐此不疲。终于有一天，他的儿子因得意而忘形，竟从飞驰的马背上掉了下来，摔伤了一条腿，造成了终身残疾。善良的邻居们闻讯后，赶紧前来慰问，而塞翁却还是那句老话："谁知道它会不会带来好的结果呢？"

又过了一年，胡人大举入侵中原，边塞形势骤然吃紧，身强力壮的青年都被征去当了兵，结果十有八九都在战场上送了命。而塞翁的儿子因为是个跛腿，免服兵役，父子二人也得以避免了这场生离死别的灾难。

对于祸福相依这个道理，作为北大三老之一的季羡林先生是看得很透彻的。季先生年少成名，青年时留学德国，背井离乡让他痛苦不堪，但也让他因此少去了很多因战乱而来的颠沛流离。对于祸福的问题季老曾经有过这样的论述：吾辈小民，过着平平常常的日子，天天忙着吃、喝、拉、撒、睡；操持着柴、米、油、盐、酱、醋、茶。有时候难免走点小运，有的是主动争取来的，有的是时来运转，好运从天上掉下来的。高兴之余，不过喝上二两二锅头，飘飘然一阵了事。但有时又难免倒点小霉，"闭门家中坐，祸从天上来"，没有人去争取倒霉的。倒霉以后，也不过心里郁闷几天，对老婆孩子发点小脾气，转瞬就过去了。

我们古代有两句话说得非常好，一句叫做"否极泰来"，一句叫做"乐极生悲"。当我们人生处于低谷的时候，要向前看、向上看，看到自己还有重新站起来的机会。只要有了这样的心理，自己不气馁、不放弃，那么上天也是不会放弃我们的。

而相反，当我们被幸运女神眷顾，事业和人生不断传来喜讯的时候，我们千万要注意警惕，不能因为志得了就意满，因为得意忘形的背后很容易就乐极生悲了。

翻开历史书籍，我们不难发现，很多史实都昭示着这两句话的正确性。而且有的人，恰恰就是这两句话的统一，比如帮助汉高祖刘邦打天下、战功赫赫的韩信。

韩信在最失意的时候曾穷困潦倒，衣食无着甚至还被无赖羞辱过。但韩信能屈能伸，不为此沉沦，而是奋发图强，终于转祸为福，登台拜帅，成为左右秦末天下的风云人物，名噪一时，此可谓"否极泰来"。但是在功成名就之后，韩信不知收敛，变得非常狂妄自大，甚至连汉高祖都不放在眼里，终于身死未央宫，变福为祸，此可谓"乐极生悲"。

祸与福虽然对立，但却是一体的两个面，不但永远无法分开，并且还在同一个人的身上不断地翻转。因此，无论在何时，我们处于哪一端，与其苦苦纠结于趋福避祸，倒不如保持一个平和的心态来面对祸福。不强求福，也不力避祸，始终平和淡然，才能在福气来临时，不得意忘形，减少福向祸转化的可能；在祸患来临的时候，不垂头丧气，丧失斗志，从而很快地从祸患走向福气。

莫泊桑的小说《项链》我们都看过，爱慕虚荣的马蒂尔德为了一条假项链过了十年辛苦的生活，这固然是一件祸事，但因此也让她改掉了一身虚荣浮华的毛病，变得更懂得生活了，这又未尝不是一件好事。

福，是我们求之不得的；祸，是我们避之不及的。然而，祸福总是会给人们开玩笑，让人不可捉摸。当我们已经筋疲力尽，再也没有力量去追逐的时候，却发现"蓦然回首，那人却在灯火阑珊处"。而当我们好运连连、志得意满的时候，突然，晴天霹雳，祸从天降，一下子把我们从顶峰打落到了深谷。

所以，我们虽然想要福气，切不可强求。唯有顺其自然，保持一个宠辱不惊的心态，这样才能在祸福中安然自得。

6. 惧怕逆境，只能被困难所击垮

伟大的心胸，应该用笑脸来迎接悲惨的厄运，用百倍的勇气来应付一切的不幸。

——鲁迅

《孟子》里面有一句话："天将降大任于斯人也，必先苦其心志，劳其筋骨，饿其体肤，空乏其身，行拂乱其所为……"这句话的意思就是说每个成功的人，都要经过上天的一番考验，上天越是要让他办大事，就越是要让他在逆境中得到磨炼，用各种痛苦去折磨他。

现实中很多事都是如此，越是强大的人，其遭受过的困难和痛苦就越多。鲁迅先生就是一个很好的例子。鲁迅像匕首、像标枪，刺向敌人最薄弱的心脏，但须知，鲁迅这把匕首、这杆标枪是经过千锤百炼才最终成功的。少年时他留学日本，那份离乡远去的孤独和凄凉自不必说。回国后，他怀着一片公心为大众、为祖国奔走呼号，反而屡屡受人排挤、敌视，以至于众口铄金，积毁销骨，甚至最严重的时候他还上过国民党特务部门的暗杀名单。但这一切并没有吓倒他，敌人越是强大、处境越是困难，他就越是顽强。"真正的猛士敢于直面惨淡的人生"，这是他自我激励的一句话，也激励着我们这些后来人。

能够战胜逆境的就会成为英雄，而那些不敢于面对逆境，无法直面环境变化或自己内心的人，就最终会被现实所击垮。

顺境和逆境是人生的两个状态，逆境和顺境是可以互相转化的，但更多时候，我们看到的却是一个人或一直处在顺境，或一直处在逆境中。这是因为当一个人处于逆境的时候，如果他失去了摆脱逆境的信念，那么就再也无法走出逆境了。而如果他能够战胜逆境，那么他就会建立起坚强的意志和强大的自信，使得他能够克服更多、更复杂的困难，从而把顺境保持下去。

保罗·高尔文是一名爱尔兰的农家子弟，但是他从小就充满了进取精神。13岁那年，他看到别的小孩在火车站月台上卖爆玉米花赚钱，于是自己也跟着去做。但是他不知道，那是一个已经被霸占的地盘。那些小孩子自然容不下他，为了教训这个不知天高地厚的小子，他们抢走了保罗·高尔文的爆玉米花，把它们全部撒在街上。

"一战"结束后，保罗·高尔文复员回家，在威斯康星办起了一家电池公司。可是，无论他怎么努力，都无法打开销路。有一天，他出去吃饭，等他回来的时候，发现自己的公司已经上了锁。原来他的公司已经被查封了，保罗·高尔文甚至都不能进去取出自己的大衣。

1926年，他又开始跟人合伙做生意。但是无线电发展得非常迅速，收音机在全美国有 3000 台，预计两年后将扩大 100 倍。于是他和他的合伙人发明了一种灯丝电源整流器来代替电池。想法很不错，但是遗憾的是，还是没能打开市场，他又一次面临着关门的危险。

然而，就在这个时候，高尔文通过邮购销售办法招揽了大批客户。手里有了钱之后，他办起了专门制造整流器和交流电真空管收音机的公司。可是不出 3 年，高尔文依然破了产。

那个时候，他已陷入绝境，他又想起了把收音机装到汽车上，但有许多技术上的困难有待克服。到 1930 年年底，他的制造厂账面上已净欠 374 万美元。在一个周末的晚上，他回到家中，妻子正等着他拿钱来买食物、交房租，可他摸遍全身只有 24 美元，而且全是借来的。

尽管如此，高尔文还是没有放弃自己的事业，经过多年的努力，高尔文最终取得了成功。如今，他早已成为了腰缠万贯的富翁，而他盖起的豪华住宅就是用他的第一部汽车收音机的牌子命名的。

人生就是如此，无论是多么糟糕的境遇，只要你能够振作起来，坚强地面对，那么总会等来顺境的一天。

太史公司马迁在《报任安书》中曾经写道："盖文王拘而演《周易》；孔子厄而作《春秋》；屈原放逐，乃赋《离骚》；左丘失明，厥有《国语》；孙子膑脚，《兵法》修列；不韦迁蜀，世传《吕览》；韩非因秦，《说难》《孤愤》；《诗》三百篇，大抵贤圣发愤之所为作也。"由此我们看到，在历史上凡是有大成就的，无不是在逆境中奋起抗争、战胜命运的人。

人的一生究竟最终会如何，关键不在于他有什么样的先天优势，而在于他如何面对生活中出现的问题，尤其是面对逆境的态度。一个人如果始终心存希望，那么他的人生就不会永远在逆境中徘徊；

一个人只要敢于与逆境抗争，那么他就一定可以重新书写属于自己的完美人生。

7. 尽人事再听天命

中国古话说："尽人事而听天命。"首先必须"尽人事"，否则馅儿饼决不会自己从天上落到你嘴里来。但又必须"听天命"。人世间，波诡云谲，因果错综。只有能做到"尽人事而听天命"，一个人才能永远保持心情的平衡。

——季羡林

在面对一件不确定的事的时候，有的人总是喜欢说"尽人事，听天命"。"尽人事，听天命"乍一听似乎带有一种消极的色彩，但其实并非如此，这句话非但不消极，反而隐含着一种逆境中的执着。我们知道，人生中并不是每件事都能按照我们的意愿进行，也不是每个愿望都能够通过我们的努力来实现，有的时候，处于一种极端恶劣的环境中，即使人再努力，结果很可能还是徒劳。在这种情况下，软弱的人选择的是放弃、听天由命，但坚强的人则不然，即使明知是徒劳、明知希望渺茫，他们仍然会去努力、去拼搏，而至于成不成功，他们是不放在心上的，这就是"但尽人事，且听天命"了。

民主斗士鲁迅先生就有一段这样的故事。20世纪初期，新文化运动正在北京如火如荼地展开，但作为北大的教授，鲁迅先生却好像置身事外一样，每天在他寄居的绍兴会馆中闲坐，没事儿就抄写一些古碑文、辑录些旧诗文作为消遣。

　　而当时，先生的好友，《新青年》杂志的编辑钱玄同正在为杂志筹稿，时常来先生处闲坐。有一次聊到先生的无所事事，钱玄同问道："你抄了这些有什么用？""没什么用！"先生回答，"那么，你抄它是什么意思呢？""没有什么意思。""我想，你可以做点文章……"钱玄同试探性地问先生。

　　先生懂了他的意思，但环顾中国社会的境况，不禁叹息道："假如一间铁屋子，是绝无窗户而万难破毁的，里面有许多熟睡的人们，不久都要闷死了，然而是从昏睡入死灭，并不感到就死的悲哀。现在你大嚷起来，惊起了较为清醒的几个人，使这不幸的少数者来受无可挽救的临终的苦楚，你倒以为对得起他们么？"

　　"然而，几个人既然起来，你不能说绝没有毁坏这铁屋的希望。"钱玄同反问。

　　面对钱玄同的反问，先生沉默了。是啊，先生一直苦于自己的努力很可能是徒劳的，但是如果说到希望，那却绝不是没有的，希望是在于将来，而不在于现在，不能因为自己的努力没有作用就说没有希望。于是先生终于答应了钱玄同的要求，迅速写完一篇文章交给了他，那篇文章就是著名的《狂人日记》。从此以后，先生便一发而不可收，毅然决然地走上了一条为"叫醒"中华民族而努力的坎坷之路。

　　不能因为前途的黯淡就证明希望的渺茫，不能因为现在的无就抹杀未来的有，这个信念支撑了鲁迅先生，以构成了"尽人事，听天命"的积极一面。而且除了这一面，在环境非常恶劣，前途非常黯淡的时候，如果能保持一种"尽人事，听天命"的平和心态的话，那么对于我们的生活和成长来说，也不失为一件益事。

　　季羡林先生曾经说道："信缘分与不信缘分，对人的心情影响是不一样的。信者，胜可以做到不骄，败可以做到不馁；绝不至于胜则忘乎所以，败则怨天尤人。"因此，对于那些希望渺茫的事，我们尽量要用"尽人事，听天命"来告慰自己，也只有这样，在成功与失败之间，我们才能够始终保持一种平静、淡定的心态。

诸葛亮一生的志愿与刘备一致，那就是"兴复汉室"，因而他在刘备的手下一展所长，一步步地向着这个终极目标迈进。他统率三军，运筹帷幄，攻无不克，战无不胜，帮助刘备建立了蜀汉政权，完成了三分天下的局面。

这个时候，已经到了兴复汉室的关键时刻，因此，诸葛亮殚精竭虑，为的就是增强蜀国的力量，为讨伐曹魏作准备。然而，刘备轻易与孙权开战，最终失败，导致蜀汉元气大伤，诸葛亮不得不推迟攻伐之事。

但是岁月不饶人，年纪渐高的诸葛亮自知再不出兵，就永无希望"兴复汉室"了。因此，他虽知以当时蜀国的国力不足以战胜曹魏，但是还是毅然出兵。有一次，诸葛亮用计火烧司马懿父子，眼看司马大军就要覆灭，一场大雨忽然而至，救活了司马父子。诸葛亮只能仰天长叹："谋事在人，成事在天！"

为了完成"兴复汉室"的志愿，诸葛亮六出祁山，每一次都计划周详，可是最终都会出现一些意想不到的插曲，结果导致每一次都无功而返，最终死于军中。诸葛亮虽志愿未竟，但却流芳千古，只因他为了达成自己的志愿付出了最大的努力。

天道有常，不以尧兴，不因纣亡。有些人却总能得到上天的眷顾，而有些人却一生时运不济。作为后者，固然是比较悲哀的，但如果因此就陷入沉重的沮丧之中，从而浪费了人生的其他风景，那才是最悲哀的。

当我们的奋斗不能换来想要的结果时，我们应该保持冷静，以平淡之心看待这一切。事情能否成功，努不努力不是唯一的条件，因此我们只要把自己的"工作"做好就可以了。至于是胜还是败，是成还是不成，那就不要太在意了，淡定一点，超然一点，才是真正睿智的生活之道。

8. 珍惜人生的每一种滋味

能吃苦方为志士，肯吃亏不是痴人。

——闵嗣鹤

《菜根谭》里面有句话："酞肥辛甘非真味，真味只是淡。"这句话的意思是告诉我们，人生的真谛在于平淡，无论是成还是败，是兴还是衰，是春风得意还是落魄潦倒，都不过是一时的境遇，人生终归还是要归于平淡的。

这句话说得很经典，在我们的一生中，难免要尝遍酸甜苦辣各种滋味，有些人因境遇不同或欣喜或惆怅，或者干脆怨天尤人，这就迷失了生活的真谛。其实完整的人生，绝不是只有甜没有苦的，而是应该尝遍各种滋味，始终能保持乐观心态。人短短一生几十年，弹指一挥间，因此只有尝遍了人生的各种滋味、珍惜人生的各种滋味，才可以说自己没有辜负上天的美意，没有浪费自己的人生。

北大学者任继愈老先生，一生经历的酸甜苦辣不计其数，但无论是顺境还是逆境，他总是波澜不惊，淡定自若，始终保持着对人生的乐观态度。

他出生于山东省一个四世同堂的大家族，少时家境殷实，十几岁进入北平大学附属高中读书，并于 18 岁时考入北京大学哲学系，一时春风得意，初尝人生的甜味。

但没过两年，"七七事变"爆发了，他一路随北大南迁，辗转上千公里，耗时半年时间。在旅途中，他除了自身的辛劳之外，还看到了沿途农村的破败，农民生活的凋敝，此时，他方知人生中还有苦滋味。

新中国成立后，他得到了留校的机会，在北大哲学系任教，过上了一段安稳的日子。

但好景不长，他经历了"文革"的浩劫，1970 年被下放到河南信阳的干校。由于劳累过度和所处环境光线太暗，一只眼睛患了严重的眼疾，不但没人照顾，而且劳动的任务也并未得到减少，其中的苦楚就可想而知了。

终于，"文革"结束了，他也得到了解放。吃过苦头的任继愈更加珍惜这苦尽甘来的生活，在 20 世纪 80 年代，他重新提出"儒教说"，并获得学界认可。在写作、授课同时，他还以年迈之身辛勤致力于"前人栽树，后人乘凉"的古籍资料整理工作。从 1987 年起，更是出任中国国家图书馆馆长，坐拥书城，传播知识和文明。

他几经起落，但从未抱怨过什么，无论是身处中科院研究所所长的高位，还是身在信阳干校，他都把它看做生活的一部分，珍惜并享受生命中的每一种滋味，无论是甜还是苦他都品得津津有味。"有效的生命方能使人幸福"，他如是说。

人生这盘菜是百味的酸甜苦辣集合在一起的，每一种滋味都代表一种生活和一种情感，我们不能自己选择跳过任何一种味道，因此只有细细地体会。当尝到苦涩的时候，人自然会感到难过，甚至有放弃尝试的念头，但坚强且睿智的人会选择坚持下去，因为人生的滋味可以相互转化，苦的终究会到尽头，甜的终究会到来，而且苦尽甘来的甜味才是最甜的。

有一个人过得非常失意，他到现在还没有成功过，命运似乎总是在与他作对。于是，不堪忍受的他爬上了一棵樱桃树，准备从树上跳下来，结束自己的生命。

就在他决定往下跳的时候，旁边的学校放学了。一群群小朋友走了出来，看到了站在树上正准备向下跳的他。其中的一个孩子问道："你在树上做什么？""我在看风景。"他心虚地回答道，因为总不能告诉孩子自己是要自杀吧！

"那你有没有看到身旁有许多樱桃？"另一个孩子问道。他低头一看，发现原来自己一心一意想要自杀，根本没有注意到树上真的结满了大大小小的樱桃。"你可不可以帮我们采樱桃啊？"很多孩子向他请求道："你只要用力摇晃树干，樱桃就会掉下来。麻烦您了叔叔！我们爬不了那么高。"

这个人有点儿意兴阑珊，心想这群孩子真是无聊，但是又拗不过他们，只好答应帮忙。他开始在树上又跳又摇。很快，樱桃纷纷从树上掉下来。树下聚集的孩子越来越多，大家都兴奋而又快乐地捡拾着樱桃。在一阵嬉戏打闹之后，树上的樱桃掉得差不多了，孩子们也纷纷散去了。这时他坐在树杈上，看着孩子们蹦跳着离去的身影，不知道为什么，居然打消了想要结束生命的念头。

他在周围采了一些还没掉下去的樱桃，无可奈何地跳下了樱桃树，拿着樱桃慢慢走回了家。当他到家的时候，看到的仍然是那间破旧的房子，生活依然如此。不过他的孩子因为看到他带着樱桃回来，便高兴起来。当一家人聚在一起吃着晚餐，他看着孩子们快乐地吃着樱桃时，忽然一种温馨的情绪涌上心头，他心里想着：这样的生活虽然不算幸福，但总还可以让人活下去。

终于他彻底放弃了自杀的念头，重新体会到了生活的快乐和幸福，而好运也终于走到了他的身边。没过多久，他的职位得到了升迁，收入提高了不少，房子也换成了新的，苦尽甘来了。

生活就如同天气，一时晴空万里，一时却风雨大作，我们不可能左右天气，但可以做到的是控制自己的心情。在风雨中我们感受凉爽，在艳阳下我们感受温暖，对于一个智者来说，生活无论是甜还是苦，都是难得的滋味。

9. 缺憾未必不是一件好事

即使是天才，生下来的第一声啼哭也绝对不会是一首好诗。

——鲁迅

几乎每个人在心里都或多或少地有些完美情结，希望生活的每个瞬间都能圆满，希望自己走过的历程都没有缺憾。但是，这却是不可能实现的，一个完全没有缺憾的人生并不存在。无论一个人如何小心谨慎又如何被上天眷顾，总还是会有缺憾出现在他身边的。因此对于一个幸福的人生来说，并不是要做到没有缺憾，而是要能够淡定地面对缺憾，而且有的时候，缺憾也不见得就一定是件坏事。

每个人的人生都不可避免会遇到缺憾，聪明的人会选择接受缺憾、欣赏缺憾、享受缺憾，以至于最后变缺憾为美丽。

发卡公主这个故事相信很多人都听过：

老国王有七个女儿，这七位美丽的公主是国王的骄傲，她们那一头乌黑亮丽的长发远近皆知，所以国王送给她们每人一百个漂亮的发卡。

有一天早上，大公主醒来，一如往常地用发卡整理她的秀发，却发现少了一个发卡，于是她偷偷地到了二公主的房里，拿走了一个发卡。二公主发现少了一个发卡，便到三公主房里拿走一个发卡；三公主发现少了一个发卡，也偷偷地拿走四公主的一个发卡；四公主如法炮制拿走了五公主的发卡；五公主一样拿走六公主的发卡；六公主只好拿走七公主的发卡。于是，七公主的发卡只剩下九十九个。

隔天，邻国英俊的王子忽然来到王宫，他对老国王说："昨天我养的百灵鸟叼回了一个发卡，我想这一定是属于公主们的，而这也真是一种奇妙的缘分，不晓得是哪位公主掉了发卡？"公主们听到了这件事，都在心里说："是我掉的，是我掉的。"可是嘴上却说不出，因为头上明明完整地别着一百个发卡，所以都懊恼得很。这时七公主从后宫红着眼睛走出来说："我丢掉了一个发卡。"话才说完，一头漂亮的长发因为少了一个发卡，全部披散了下来，王子不由得看呆了，这样一段美好的姻缘就诞生了。

为什么一有缺憾就拼命去补足？在故事中，一百个发卡象征着完美的人生，少了一个发卡，人生就不完美了，但因为这不完美却开创了另一段完美的生活。

不仅是人生，事业也是如此，很多时候，缺憾并不意味着不成功，相反能够正确面对缺憾并想出办法利用缺憾的人，反而能够取得更大的成就。

在美国肯塔基州，有这样一个村落，它的名字叫响尾蛇村，为什么会有如此怪异的名字呢？这还要从拓荒时期的一段往事说起。

在20世纪20年代，这个地方来了一位来自于弗吉尼亚州的拓荒者，当初买下这块土地的时候并不被人们所看好，原因是这块土地实在是太贫瘠了。地上几乎可以说是寸草不生，而且还没有水流经过，因此既不能种植作物，也不能养殖动物。这些还是其次，主要是这片土地上遍布着有毒的响尾蛇，一到晚上就爬上地表来，让人不寒而栗。这样一块毫无用处的土地，人们不知道这位弗州的拓荒者买来做何用途。

然而，就是在这样一块土地上，这位拓荒者却想了个办法，成功地把缺憾变成了财富。这片土地不是除了响尾蛇什么都没有吗？那么他就开始做起了响尾蛇的生意。他把从响尾蛇口里取出来的毒液送到各大药厂制造蛇毒血清，把响尾蛇肉做的罐头销售到世界各地，把响尾蛇皮以很高的价钱卖出去，用来做女人的皮鞋和皮包。

总之，他的农场既没有种植植物，也没有养殖动物，只是饲养响尾蛇，而他的生意却是越做越大，每年来这里参观他的响尾蛇农场的游客就有好几万人。渐渐地这里的居民越来越多，经济也越来越发达，为了纪念这个首先开发这里的拓荒者，后来的居民就把这里更名为响尾蛇村。

一片贫瘠的寸草不生的土地，这是缺憾，但拓荒者通过不懈的努力，却让缺憾成为完美。

我们都知道有一种水果叫做柠檬，柠檬的汁水非常旺盛，但却又酸又涩，让人不堪下咽，但聪明的人却把它榨成汁，再加上冰糖、蜂蜜等，最后把它变成人人喜欢的柠檬汁，这就是变缺憾为完美。

上天是不可能给我们现成的柠檬汁喝的，柠檬刚从树上摘下来时是又酸又涩的，但二者之间的转化，又是如此地容易。

　　其实，在很多时候，上天都是在用各种各样的缺憾来考验我们。如果你发现自己面前摆着的恰巧是又酸又涩的柠檬，那么不要抱怨，你要做的是先努力让自己平静下来，然后想办法把它剖开、切片、榨汁，细细地加工处理，最后得到可口的柠檬汁。

第 3 章

人生的冷遇也是一种幸运

生活中，我们过于看重或者只看到了冷遇的消极一面，忽略了其带给我们的正面冲击力。要不是遭冷遇，我们怎么会在刹那间长大？怎么会担起责任要靠自己站起来？又怎么会在困境中保持斗志？

1. 失败是成功的入场券

没有志气的人，没有成败可说；有志气的人，没有经过二三十年奋斗不懈的阅历，也不会懂得成功与失败是怎么一回事。成功是什么呢？成功是巧，是天，不是我。失败是什么呢？失败是我，是我的错误，我有缺漏。

——梁漱溟

人的一生总是在跌宕起伏中度过的，没有人经历过完全没有失败的人生，而且只要我们注意观察就总能发现，那些成就越大的人所经历过的失败就越多。当人面对失败的时候，如果能够坚持下去，战胜失败，那么等在前面的就一定会是成功，而如果被失败所吓倒，摔了一个跟头就不敢再爬起来了，那你就只能在失败的泥潭里看着别人前进。

人生在世，每一次成功之前，都必须摔很多次跟头，但失败却是成功的入场券。

新东方英语培训学校校长、北大校友俞敏洪就是一个经历了多次失败才最后成功的人。他自己就曾坦言，在人生中两次重大的失败差点让自己一蹶不振，一次是高考，俞校长在高中时的学习成绩并不差，但唯独英语不行，第一次高考英语才得了 33 分，第二次多了一点——55 分，连续的名落孙山非但没有让他气馁，反而使他更加坚强，终于在他第三次的高考中，他成功了，拿到了北大的录取通知书。

俞老师说他的第二次失败是留学。20 世纪 80 年代末，中国出现了留学热潮，看着周围的同学朋友都纷纷出国，俞老师的心也被牵动了，但就在他为出国而奋斗时，美国突然宣布紧缩对中国留学生的准入政策，他的留学梦破灭了。但留学的失败并没有把他击倒，反而为他打开了一片新天地，回顾自己在准备留学时恶补英语的情景，他忽然想到，自己为什么不能开一家培训机构，专门为那些想要留学但英语不过关的人提供帮助呢？于是，新东方诞生了，而俞敏洪也凭借着新东方的"东风"，成就了自己的事业。

人生的旅途起伏不定，峰回路转，但有一样是肯定的，那就是永远有无尽的失败和挫折等在你的前面。如果你足够勇敢地战胜了它们，那么成功早晚会来到你的面前，有些人抱怨自己总是失败，悲叹自己总是无法获得上天的眷顾，但其实，失败正是上天在眷顾你、考验你，没有经过失败的洗礼，上天是不会把成功的入场券发给你的。

有一个非常"不幸"的人遇见上帝，他沮丧地向上帝抱怨道："我是个博学的人，为什么你却总是不肯让成功降临在我的头上呢？"

上帝想了想，无奈地回答他说："你确实很博学，但样样都只尝试了一点儿，不够深入，用什么去成名呢？"

这人听了上帝的话，于是下决心对一项活动进行深入的研究，最后他选择了钢琴。经过多年刻苦的训练，这人练就了一手好琴，然后准备去参加比赛。

在比赛中，他因为紧张把练习好的技艺全忘光了，沮丧地退出了赛场。在赛场外，他又遇到了上帝，上帝对他说："这次我可是给了你机会的，而你没有抓住，你缺乏信心，没有勇气，又怎么能怪我呢？"

那人听完上帝的话，又苦练数年，建立了自信心，并且鼓足勇气去参加比赛。他弹得非常出色，却由于裁判的不公正而被别人抢去了成名的机会。

那个人愤怒地对上帝说道："上帝，这一次我已经尽力了，你是不是在故意捉弄我？"上帝微笑着对他说："其实你已经快成功了，只需最后一步。"

"最后一步？"那人瞪大了双眼。上帝点点头说："你已经得到了成功的入场券——失败，只要战胜它，前面就是成功了。"

那个人牢牢记住上帝的话，在以后的几次比赛中，他又经历了各种各样的失败，但他始终没有气馁，最后终于获得了成功，成了享誉世界的钢琴演奏家。

上面这个故事所讲的不正是我们人生获得成功所要经历的三部曲吗？第一是刻苦，第二是勇气，第三是战胜失败的信念。有些人勇气也有，也足够刻苦，但就是没有获得成功，那就是因为没有战胜失败的信念。

中国古代有鲤鱼跳龙门的传说：黄河从壶口咆哮而下晋陕大峡谷的最窄处就是龙门所在，每年龙门开启的时候，都有无数的鲤鱼逆流而上，顶着奔腾的激流，越过一片片险滩和岩石，想要最终跳过龙门，化身成龙。

在游向龙门这一路上，鲤鱼们要经历千难万险，稍有差池就可能被浪卷到岸上或者被飞起来的沙石拍个粉碎。但也正是这艰险的旅程，才造就了最后的成功。其实在一次次被浪打回的失败中，鲤鱼也正是一步步接近着最终的龙门。

爱迪生在成功发明灯泡之前失败了三千多次，史泰龙在获得第一次试镜之前失败了一千多次，威灵顿在打败拿破仑之前屡战屡败……不需累述，只要翻开史书，满眼都是失败之后不折不挠最终获得成功的例子。

失败，并不可怕，可怕的是在失败的面前不敢再迈出下一步。其实对于一个失败的人来说，当你站起来的时候，你的手中已经拿到了成功的入场券，是上前一步迎接成功还是惧怕再次失败转身逃离，决定权就在你的脚下。

2. 不受伤的人不会有免疫力

好多年来，我曾有过一个"良好"的愿望：我对每个人都好，也希望每个人都对我好。只望有誉，不能有毁。最近我恍然大悟，那是根本不可能的。

——季羡林

作家冰心在其著作《繁星》里曾经说过："成功的花/人们只惊慕她现时的明艳/然而当初她的芽儿/浸透了奋斗的泪泉/洒遍了牺牲的血雨。"一朵花的绽放要经历风雨的历练，同样一个人的成熟也要经过无数的挫折和磨难。一朵没有经历过风雨的花是脆弱的，而一个没有经历过挫折和磨难的人也是不可能获得最后的成功的。

沈从文先生就是一个经历过磨难的人，知道他的人无不为他小说中所描绘的如梦如幻的淡雅生活所打动，但他的真实生活却并非如此。

1923 年沈从文先生只身来到北京，想要报考自己心目当中的殿堂——北大，但由于底子太薄、成绩太差而未被录取，只能以旁听生的身份滞留北京。滞留北京期间，先生身无分文，又没有其他才能，只能靠写些文章维持饥一顿饱一顿的生活，当时的生活真是苦不堪言。

一个冬天，郁达夫冒着漫天飞舞的鹅毛大雪，到西西会馆看望先生，当时屋子里没有生火，寒气刺骨，先生正在屋里裹着棉被写作。郁达夫见他冷得瑟瑟发抖，就将自己的毛围巾披在沈从文的肩上。郁达夫又问他吃过饭没有？先生很羞怯地告诉他，连早饭都还没有吃。于是郁达夫带他到餐馆吃了一顿饭，结账时将剩余的三块多钱全给了先生。两人分别之后，先生回到住所，伏案大哭，许久不能平息。

中华人民共和国成立后，沈先生的境遇得到了改善。但这种改善并没有维持太久，他在十年浩劫中吃尽了苦头，最后终于得到了平反，重新回到了属于他的位置。

我们总喜欢看一个成功者光鲜的一面，但是在他们的背后，却隐藏着无数的艰难困苦。而正是这些不为常人所了解的痛苦，才最终促成了他们的成功。

为何成功者总要经历磨难呢？那是因为，在成功的道路上总要遇到这样那样的问题，而每一次的磨难和伤害，其实都是在教会人如何面对后面的问题。这就像一个水手，在他还未出海的时候，老水手总要在近海或者河口里让他吃尽苦头，这样才能够保证他经得起海上更大的风浪的洗礼。

欧内斯特·海明威——美国文学界的天才，1899 年出生于芝加哥一个富裕的中产阶级家庭，其父亲是一位医生，母亲是位艺术爱好者。在如此的环境中长大的他本应该平静地走完一生，但他却选择了脱离充裕的生活，勇敢地走上了人生的另一条路。

1914 年，第一次世界大战爆发后，当时已经成为记者的海明威报名参军，和军队一起开赴意大利。在前线，海明威负了伤，退出了现役，战后他拒绝回到美国，而混迹于巴黎。在巴黎那段岁月里的迷惘和孤寂让海明威变得成熟了起来，1926 年，他根据自己的"一战"经历创作了长篇小说《太阳照常升起》，由于小说写出了青年一代的失望情绪，被称为"迷惘的一代"的代表作。

1929 年，他的第二部小说《永别了，武器》问世，在书中他把人比作"着了火的木头上的蚂蚁"。1937 年，西班牙内战爆发，海明威这次是以战地记者身份前往前线，报道西班牙内战的消息，虽然整个战争期间几乎无所事事，但他根据这段经历创作了《丧钟为谁而鸣》。《太阳照常升起》《永别了，武器》和《丧钟为谁而鸣》三部战争题材小说确立了海明威在欧美文坛的地位。而 1952 年面世的《老人与海》则更像是硬汉最后的内心独白。1954 年，海明威因"精通现代叙事艺术"而被授予诺贝尔文学奖。

从富裕的中产阶级家庭走出，先后经历过战争、流浪，面对过重伤、疾病、贫困和死亡，这一切都没有把海明威击倒，反而让他更加坚强。他本人就和笔下的人物一样，始终是"压力下的风度硬汉"。"生活能伤害你，但你要从受伤处开始生活得更坚强。"海明威如是说。

就像一个孩子，如果从小就只生活在育婴室里面，没有经历过任何风雨，那么他是不可能在现实生活中生存下去的。同样一个人如果完全没有受到过伤害，他也是无法面对生活的坎坷波折的。其实受伤并不可怕，在很多时候，受伤反而能够促进我们成长，让我们更有抵御风波的能力，让我们更加坚强。

其实，生活总是公平的，它在给予你伤害的同时，也给予你抵御伤害的免疫力。因此当我们总是悲叹为什么伤害总是发生在我们的身上时，仔细思考一下，在每一次伤口愈合的背后，我们是不是更加懂得如何保护自己、爱惜自己了呢？

伤害并不是好事，但如果在伤害中我们选择爬起来而不是被击倒，那么在我们站起来的同时也就在自己体内灌注了可以抵御更大的伤害的免疫力，这样不就是变坏事为好事了吗？

3. 逆境和挑战能激发生命的力度

有的人可能一帆风顺，有的人可能要遇到挫折。人生伴随着欢乐，也伴随着悲苦。忧患是与生俱来的。顺境是我们的愿望，而逆境则可能是生活中应有之理、应有之义。不然的话，我们又何必讲"迎接挑战"或"参与竞争"之类的话？

——谢冕

"逆境和挑战能激发生命的力度！"这句话是华人著名富翁、著名慈善家李嘉诚先生的一句话。2008年，长江实业集团董事长李嘉诚作为名誉校董的身份被邀请参加汕头大学的毕业生典礼，在典礼上的演讲中，他说了这样一句话。

李先生说这样的话是有资格的，因为他本人就是一个通过逆境和挑战逐渐被激发出生命力度的例子。李先生幼年家境贫寒，十几岁的时候更是因父亲病逝不得不辍学打工，以养家糊口。但也正是如此的艰苦环境让李先生养成了更加顽强的性格，在此后的岁月中，他自强不息，终于成为一代富豪。

"贫穷不一定是缺乏金钱，而是对希望及机遇憧憬破灭的挫败感。很多人害怕可上升的空间越来越窄，一辈子也无法冲破匮乏与弱势的局限。我理解这些恐惧，因我曾经一一身受。没有人愿意贫穷，但出路在哪里?"李嘉诚问。

很多人不知道出路在哪儿，因而在逆境中辗转徘徊，不敢迎接命运的挑战，最终一事无成。而勇敢的人则不然，他们会直面人生的挑战，在逆境中奋发图强，这样的人不仅最终会战胜命运，而且还能够通过努力激发自己的生命力度，从而变得更加强大。就像李嘉诚说的，贫穷不一定是缺乏金钱，而是缺乏战胜困难的勇气。

1914 年诺贝尔生理学和医学奖获得者罗伯特·巴雷尼从小因病落下了腿部残疾，按医生诊断他只能终生卧床。面对这么大的挫折，巴雷尼却并未怨天尤人，只要身边有大人，他就请人家帮忙搀扶自己练习走路，做体操，为此他常常累得满头大汗。慢慢地，体育锻炼弥补了由于残疾给巴雷尼带来的不便，他至少可以走路了。之后，他又通过刻苦的学习，以优异的成绩考进了维也纳大学医学院。大学毕业后，巴雷尼以全部精力，致力于耳科神经学的研究，最后取得了很多正常人都不可企及的成就。

没有一片海域没有波澜，没有一个出海人没有遇到过风暴，在漫长的航程中，风浪不但不可怕，反而能够让出海人更加警惕，时刻保持清醒的头脑，让出海人更加坚强，用更大的勇气面对下一次的风暴，最终到达胜利的彼岸。

面对逆境，我们的态度也应该如此，正因为有逆境的存在，才更加要求我们打起精神、激发斗志，最终战胜它，成就自己。断齑画粥这个成语我们都知道，范仲淹在逆境中所表现出来的拼搏精神和生命力度为后世所钦佩，并激励着我们后人像他一样，勇于面对来自生活的挑战。

范仲淹是北宋大文学家、政治家，他的"先天下之忧而忧，后天下之乐而乐"给后人留下了很深的印象，成为千古名句。而他的无论是求学还是为官时的行为也受到了人们很高的赞誉，成为千百年来世人学习的楷模。

范仲淹公幼年丧父，跟从母亲改嫁到继父家里，因为家境贫寒，无力上学，他只好跑到寺院中的一间僧房中去读书。在寺庙读书期间，没有任何经济来源的他过得非常艰难。每天晚上，他用糙米煮好一盆稀饭，等第二天早晨凝成冻后，用刀划成四块，早上吃两块，晚上再吃两块，没有菜，就切一些腌菜下饭。

生活如此艰苦，但他毫无怨言，他将自己关在屋内，足不出户，手不释卷，读书通宵达旦。寒来暑往，十几个春秋如一日，范仲淹就这样苦读着，终于盼来了金榜题名的那一天。

登科就仕，这是每一个读书人都梦寐以求的事情，年轻的范仲淹从此走上了一条康庄大路。但是，厄运并没有离他远去，由于天性耿直、一心为公，他得罪了朝中以宰相吕夷简为首的朋党，因此多次被贬，三起三落。但无论是被贬塞外还是复起还朝，范仲淹从无一句怨言，无论到了什么地方，总是尽职尽责做好自己的本职，环境越是险恶，范仲淹的性格就越是乐观坚韧。

俗话说："自古英雄多磨难，从来纨绔少伟男。"想要毁掉一个人的最好方法就是给他一个过于安逸的环境；而想要造就一个人就要把他投入逆境当中去磨炼，让他在失败中学会奋起，在挑战中凝聚勇气。

在笼中关久了的金丝雀，面对外面缤纷的世界，最终只能走向死亡；而在丛林中的狼，经过一次次的搏斗、一场场的角逐，最终获得美味的大餐。这样的例子不光在动物中常见，人类的历史上从来不少这些开在逆境中的奇葩。这些无一例外都在教导我们，逆境并不可怕！只要你勇于面对，那么等到逆境变成顺境之后，你也就成了一个不可战胜的人。

4. 玉不雕琢不成器，人不磨炼不成才

桂冠上的飘带，不只是用天才的纤维捻制而成的，而是需要用痛苦、磨难的丝缕纺织出来的。

——邓光明

有一个成语叫做切磋琢磨，一般被我们用来形容对一件事的反复考究。但其实，切、磋、琢、磨是打造一块玉的四个过程。"切"就是指在原石中把可以用的玉料切出来，"磋"就是指把玉料中的石头杂质清除出去，"琢"是指把玉料雕凿成想要的样式，"磨"就是指把已成了型的璞玉打磨得圆润有光泽。在一块璞玉的制作过程中，切、磋、琢、磨四个工序一个也不能少，少了哪一个，这块玉也成不了。由此我们可见，一块好玉的诞生是多么艰难。

玉在没有经过打磨之前它只是一块石头；宝剑在没有经过淬炼以前也只是一块顽铁。同样的道理用在人的身上，那就是说一个人如果没有经过艰难困苦的磨炼是永远不可能成才的。

北大教师、著名文人郁达夫，一生坎坎坷坷，所经历的挫折磨难无数，但也正是这无数的磨难，培育了他沧桑忧郁但又发人深省

的文风。他的一生虽然短暂，但所留下的《沉沦》等作品，却永载中国文学的史册。

在一个山村里，一位老人在山里打猎的时候捡到了一只怪鸟。他并不知道这只鸟是什么，只是觉得很好玩，于是他把它带回家，给自己的孙子玩。一段时间之后，这只怪鸟越长越大，人们也逐渐看了出来，这只鸟原来是一只鹰。村里的人开始害怕了，纷纷要求老人把鹰放走。可是，这只鹰由于过惯了安逸的生活，已经失去了野外生存的能力，根本无法离开。

没有办法，老人只能找来了养鹰人。养鹰人说："你把它交给我吧，我保证会把它送走。"养鹰人把老鹰带到一个悬崖边上，使劲抛落，眼看那只老鹰笔直地下落，就要撞上石头了。突然，它震动了翅膀，慢慢地飞了起来。在苍穹中盘旋了一会儿的老鹰，最终消失在茫茫天际中。

苦难是一所学校，每一个渴望成功的人都需要到其中接受教育。历经风雨的洗礼，生命才能常驻常新。

一个在生活中总是失意的人想要自杀，得知了他这一念头的朋友明白自己劝不住他，于是便要求他在自杀之前无论如何要去一趟普照寺见一见智能大师。这个人历尽千辛万苦，终于来到了普照寺。他一见智能大师，便沮丧地说道："人生总不如意，活着也是苟且，有什么意思呢？"

智能静静地听着年轻人的叹息和絮叨，最后吩咐旁边的一个小沙弥说："施主远道而来，烧一壶温水送过来。"

片刻，小沙弥送来一壶温水，智能抓了茶叶放进杯子，然后用温水沏了，放在茶几上，微笑着请年轻人喝茶。杯子冒出微微的水汽，茶叶静静浮着。年轻人困惑地询问："宝刹怎么用温水泡茶？"

智能笑而不语，年轻人喝一口细品，不由摇摇头："一点茶香都没有。"智能说："这可是闽地名茶铁观音呀。"年轻人又端起杯子品尝，然后肯定地说："真的没有一丝茶香。"

智能又吩咐小沙弥："再去烧一壶沸水送过来。"片刻，小沙弥便提着一壶沸水进来。智能起身，又取过一个杯子，放茶叶，倒沸水，再放在茶几上。年轻人俯首看去，茶叶在杯子里上下沉浮，丝丝清香不绝如缕，望而生津。

年轻人欲去端杯，智能作势挡开，又提起水壶注入一线沸水。茶叶翻腾得更厉害了，一缕更醇厚、更醉人的茶香袅袅升腾，在禅房里弥漫开来。智能如是注了六次水，杯子终于满了，那绿绿的一杯茶水，端在手上清香扑鼻，入口沁人心脾。

智能笑着问："施主可明白，同是铁观音，为什么茶味迥异吗？"年轻人思忖着说："一杯用温水，一杯用沸水，冲沏的水不同。"

智能笑着点头："用水不同，则茶叶的沉浮就不一样。温水沏茶，茶叶轻浮水上，怎会散发清香？沸水沏茶，反复几次，茶叶沉沉浮浮，最后释放出四季的风韵：既有春的幽静、夏的炽热，又有秋的丰盈和冬的清冽。世间芸芸众生，又何尝不是沉浮的茶叶呢？那些不经风雨的人，就像温水沏的茶叶，只能在生活表面漂浮，根本浸泡不出生命的芳香；而那些栉风沐雨的人，如同被沸水冲沏的茶，在沧桑岁月里几度沉浮，才有那沁人的清香。"

人生是一个漫长的旅程，不可能总是坦途而毫无曲折坎坷。不如意的事情无论是谁都会碰到的，关键是以何种心态去对待。像上面那个年轻人，他一开始的心态就错了，他把失意当成了命运对他的审判、当成了终点，但其实，上天给他失意的真实意图却是要给他另一个起点。

玉不琢不成器，当遇到困难的时候，走上去解决它，无形之中你也会感觉到自己能力的提升。长在温室里的花朵，虽然娇艳美丽，却经不起风霜。困难虽然是阻挡成功之路的绊脚石，但同时也是助推成功的踏板。只有经历过重重困难考验的人，才能磨炼出顽强的意志，才能有勇气面对更大的困难，才能在成功之后依然保持警惕，不至于让成功来得快，去得也快。艰难困苦对于我们每一个人来说，都是人生的一种经历，也是一种财富，我们不能回避，应该勇敢地向其发起挑战。

我们每个人都具有无穷的潜力，然而，由于种种原因，并不是每个人从一开始就能够把这些潜能全部激发出来。在此情况下，挫折的磨炼就成了我们激发潜能最好的催化剂。

河蚌能孕育出珍珠也是要经历沙粒入体的痛苦的。没有经历过困难的成功就像是没有打好地基的楼房，建得越高，越容易坍塌。如果我们的人生一直是一帆风顺，那么即使遇到小小的风浪，也会让我们难以驾驭，最终翻船。因此，只有在困难和挫折的汹涌波涛中我们得到历练，才能够加强我们抵御风浪的能力，也才能够让我们人生的航程更加久长。

5. 你不够成功，是因为你失败的次数还不够多

人的聪明和自己的才智以及对道路的选择，往往在失败以后。

——杜威

如果说 20 世纪谁是世界上最伟大的实验主义教育家，那非美国学者、胡适的老师杜威莫属了。杜威先生一生致力于实用主义教育，意图为社会培养出经世致用、可堪大任的合格人才，因此他提出教育应该从实际出发，从现实入手。在一个人的成长上面，杜威先生认为青年的时代本就是一个经历失败的时代，只有不断地经历失败，人的经验才可能得到增加，心智也才可能会变得成熟，而最终才可能走向成功的道路。一个总是慨叹成功女神不眷顾自己的人，很可能就是因为他的失败还不够多。

北大校友、新东方英语培训机构老师俞敏洪就是一个经历了多次失败最终走向成功的人。别的不用说，就拿他投考北大来说，就是一个很好的例子。俞敏洪出生在江苏省江阴市的一个农村，小时候家里很穷，因此父母从小就给他灌输了通过读书改变命运的思想。要么就不做，要做就做好，于是俞敏洪便把北大这个中国最高学府作为了自己高考的目标。但是由于英语底子太差，第一次他落榜了，落榜的他虽然沮丧，但并不气馁，用了一年的时间恶补英语，但令他没想到的是，他再次落榜了。这次，俞敏洪有些动摇了，再次复读倒不是不可以，但一年之后如果再因为英语而落榜呢？毕竟自己已经比同届生大两岁了。难道就这样和自己的梦想说再见吗？思前想后的他终于下定决心，再试一次，终于这一次他成功了。不仅拿

到了北大的录取通知书，而且进入的就是外语系，专业就是英语。我们看看，俞敏洪最后的成功难道不是前两次失败积累而来的吗？

曾经有这么一个年轻人，20年以前他从大学毕业，由于各种原因，在应聘过程中曾先后被30多家公司拒绝。找不到工作心灰意冷的他于是想要去当警察，凭借大学生的身份考进警务部门应该是件容易的事，但是在入围面试的5个人中，他又成了被淘汰的那唯一一个。这时他想自己是不是应该从基层做起，先从事一些最基础的工作来磨炼自己，但当他应征杭州第一个五星级宾馆服务员的时候，还是被刷了下来。之后他又和其他23个人一起应聘杭州肯德基，结果在23个录取名额中，唯独缺少的还是他的名字。这个总与失败结缘的年轻人就是马云，只不过他现在已经不再年轻，跟在他身边的也不再是失败而换成了成功。

其实有的时候我们觉得自己总是不够成功，只是因为我们的失败次数还不够多。就像我们想要挖一口井，水层在地下的20米，这样我们挖不出水的前19米就都是失败，但如果没有这前面的失败，哪能获得最后的成功呢？

哈伦德·山德士先生，直到他88岁高龄的时候才获得了事业上真正的成功。这位全世界第一大快餐连锁店——肯德基的创办人在88岁之前一事无成，总是在一个失败接着另一个失败的路途上踉跄前行。

山德士5岁的时候就失去了父亲，在他14岁的时候，由于和继父的关系闹僵，他被迫从格林伍德学校辍学，开始了流浪生涯。在此后他先是在农场里给人家干杂活，但干得很不开心，不久就被农场主辞退了。接着他又当过电车售票员，也很快就被解雇了。走投无路的他在16岁时谎报年龄参加了美军，但想做一名战士的他却鬼使神差地被分配在了后勤部门，一天枪也没碰过。一年的服役期满后，他去了阿拉巴马州，在那里他开了个铁匠铺，但不久就倒闭了。随后他又在南方铁路公司当上了机车司炉工，他非常喜欢这份工作，以为终于找到了属于自己的位置，但不久之后经济萧条来临，他再次被解雇了。在18 岁的时候，他结了婚，但仅仅过了几个月时间，在得知太太怀孕的同一天，他又被新东家解雇了。接着有一天，当他在外面忙着找工作时，太太卖掉了他们所有的财产，逃回了娘家。他的一生就是一个失败的总和，里面充斥了生活上、工作上大大小小的无数次失败。终于有一天，政府的退休金支票寄来了，这张 105 美元的支票向他宣告，他老了，在支票附加的信件上政府部门对他说了这样一段话：当轮到你击球的时候你都没打中，现在不要再打了，该是放弃、退休的时候了。

面对着手上的支票和这样一段话，山德士愤怒了，觉醒了，也爆发了。他不相信自己的人生已经结束，他要继续奋斗，就算在失败的履历上再添上一笔他也不在乎，他用支票上的那笔钱在加油站旁边开了一间炸鸡店，要再向命运挑战，这一次他成功了。

有很多人觉得自己的人生无以为荣，那很可能他的人生中也没有什么可以为痛的失败和挫折，一个人只有经历了足够的失败，上天才可能把成功带到他的面前。因此正处于失败的沮丧者或者因屡次失败而心灰意冷的人们，你们应该振作精神，将失败化作下一次拼搏的动力。也许下一次拼搏所带来的结果仍是失败，但只要你不断地拼搏下去，总有一次是能够获得成功的。

曾经有一个新入行的推销员向行业的成功者讨教他们的秘诀，这些成功者的回答无一例外，那就是多失败几次。因为失败的次数多，所以摸索的机会就会多，尝试错误的方法也同样增多，这样，了解的错误方法越多，离成功就越近："你就是因为失败的次数还不够多，所以还没有办法知道成功的秘诀。"

6. 别人都不看好你，你才有机会证明自己是对的

我们降生在这多彩多姿繁华绚烂的世界上，唯一的目的就是好好活下去，活给自己看，也活给爱自己的人看，更要活给那些瞧不起自己的人看。

——台静农

俗话说："一个人如果没有两个敌人，那这个人就不是成功的。"在现实中，并不是每个人都希望与我们为敌，但是，只要我们还在生活、还在做事，那么多多少少的质疑声还是会准时出现在我们周围的。

不被人看好，这是很多人在做事时都有过的遭遇。面对他人的质疑，成功者会泰然处之，并不以为意，然后通过实际行动来证明自己，比如我们前面所说的沈从文先生就是一例。

由于出身贫寒，再加上没有受过正规的大学教育，在20世纪二三十年代众星云集的中国文化界，沈先生并不为人们所看好，甚至有些人反而抱有一种看笑话的心态来看待沈先生，日常生活中也总是对他极尽挖苦之能事。

面对种种的质疑和羞辱，沈先生并不以为意，依然把全部精力放在对白话文的研究和对新小说的写作上面，终于开创出了自己的文体。

有一个名词叫做黑马，就是原本不被人看好的人突然取得了令

人瞩目的成绩。这个词可以用在体育运动、文艺表演上面，也可以用在学习、生活和工作中。黑马之所以黑，就是因为他不为人所看好，人们相信他不能做到，但是最终他却做到了，进而让那些怀疑自己的人瞠目无语。

每个人都知道，梅兰芳先生是不世出的京剧表演艺术家，但很少有人知道，梅先生原本也是一匹黑马。梅先生刚开始学戏的时候，找了无数的老师，但几乎全部吃了闭门羹。原因是什么呢？那就是天资不行。

梅兰芳要学的是旦角，男孩子学旦角，唱、念、做、打都要模仿女性。刚学的时候，梅兰芳入门很慢，一出戏师傅教了很长时间，他还没有学会。耐不住的师傅终于找到梅兰芳的父亲说："这孩子不行，不是个唱戏的材料。"

父亲将师傅的话告诉梅兰芳，小小的他听了心里很不是滋味，但他并不因此而气馁，反而更下决心一定要学会唱戏。没人教他就自己学，他用心思考，反复练习，一段唱，别人唱几遍就不练了，他总要坚持练二三十遍，经过刻苦练习，他终于练出了圆润甜美的嗓子。

不是每一个人做任何事都能够得到别人的掌声的，当质疑和嘲讽的声音困扰在你的脑海里挥之不去的时候，你是不是也曾犹豫过，自己是不是要放弃那个不被他人看好的理想？当所有人都向你劝告，用他们的"事实"证明你的选择是错误的时候，你是否也曾想过要按照他们的去做？这是每一个有理想的人都曾经面对过的问题，在面对这个问题的时候，有些人选择了妥协，动摇了自己的信念，结果变得平庸；而另一些人则不然，他们不但没有为质疑所困扰，反而将它看做自己前进的动力，别人越是质疑，他们就越要证明自己，最后他们成功了。梅兰芳大师是这样做的，历史上很多的成功者也是这样做的。

有这样一个女孩，她从小就很喜欢唱歌，总是跟着收录机里面的歌曲哼唱。女孩儿有一个梦想，那就是将来有一天要成为一名歌唱家，在万众瞩目的舞台上歌唱。为此她苦练基本功，到处寻觅歌唱碟子，艰苦地努力着。

但是令她感到悲伤的是，她身边的亲人和朋友都不看好她。这是因为她有着非常严重的牙齿缺陷，家里人觉得没有人会花钱看长着一副丑陋牙齿的人唱歌，因此劝她放弃。

家人的劝告虽然没有让她放弃理想，但仍然给她带来了深深的伤害。从此以后她在唱歌的时候都尽量地掩饰自己的牙齿，以免被人看到之后嘲笑她。

当她升上中学之后，在一次校庆上，她被选为歌唱演员，对此她是又兴奋又恐惧，为此在唱歌时她把上唇拉下来，盖住难看的牙齿，但没想到的是弄巧成拙，结果洋相百出。因为表演失败，她哭得很伤心，这时候，台下的一位老妇人走到她身旁，亲切地对她说："孩子，你是很有音乐天分的，我一直在注意你的演唱，知道你想掩饰的是自己的牙齿。其实，长了这样的牙齿不一定就是丑陋，听众欣赏的是你的歌声，而不是你的牙齿，他们需要的是真实。这牙齿或许还会给你带来好运，你相信不相信？别人可以不相信你会成功，但你一定要相信自己。"

听了老妇人的鼓励之后，这女孩儿破涕为笑了。从此以后她坚定了信心，决心忘记自己不好看的牙齿，忘记那些嘲笑自己、不看好自己的人，放下了包袱，尽情地唱属于自己的歌。放下心理包袱的女孩儿最终显现出了美妙的音域，最后，她成了美国家喻户晓的歌星，不少歌手都纷纷模仿她，学她的样子演唱，这个女孩就是凯丝·达莉。

试想，如果达莉听从他人的建议，人云亦云、亦步亦趋，那么美国历史上就会失去一个出色的歌唱家了。因此，一个最终能够获得成功的人，一定要对自己有信心，即使是他人都说你不行，你也要为自己做主，坚持走自己的路，才有机会证明自己的选择是没有错的。

不被别人看好不代表就不会成功，相反，一个成功者更欢迎别人的质疑和否定，这些否定和质疑的声音被他们当做鞭策自己的动力，让他们把自己变得更加坚强。

7. 别人的批评是不可或缺的镜子

教员之教授，职员之任务，皆以图诸君求学便利，诸君能无动于衷乎？自应以诚相待，敬礼有加。至于同学共处一堂，尤应互相亲爱，庶可收切磋之效。不惟开诚布公，更宜遵义相助，盖同处此校，毁誉共之。同学中苟道德有亏，行有不正，为社会所訾詈，已虽现行矩步，亦莫能辩，此所以必互相劝勉也。

——蔡元培

我们中国有个成语叫做闻过则喜，它的意思就是指一个人乐于接受他人的批评，当听到他人指出自己的错误的时候就欣然自喜。这个成语出自我国的古籍《孟子》，意思就是要告诉我们，他人的批评是好事而不是坏事。

夸耀的好话我们每个人都喜欢听，但要知道，好话除了能够让我们心情稍微顺畅之外没有任何作用，而批评的坏话则不然了，它虽然刺耳，却可以帮助我们发现身上的不足，进而改变缺点，完善自己，最终成为一个不断"自新"的人。无论是历史上还是现代生活中，那些取得了突出成就的人无不是能够听取并接受他人批评的人。

顾颉刚先生是我国著名史学家，也曾是北大的教授。除了在治学著书上面很严谨，顾先生还是位非常虚心的人。即使有如此大的成就和声望，顾先生仍然能够做到虚心接受他人的批评，哪怕是来自他的学生。

当年，顾先生在北大教书的时候曾经针对《尚书》中尧典的十二州提出过它是受汉武帝十三州影响的论断，轰动一时。但这一论断却遭到了先生的学生谭其骧的质疑，谭其骧在翻阅了大量史书之后，认为顾先生的论断并不成立。

得知了自己的学生胆敢质疑自己的学术成果之后，顾先生并没有生气，反而鼓励谭其骧把自己的看法完完全全地写出来。在谭其骧写出了自己的论文后，顾先生给予了认可，并否定了自己先前的观点，甚至公开称：其骧熟于史事，余自顾不如，此次争论汉武帝十三州问题，余当屈服矣。

虚心接受学生的批评，并改正自己的意见，顾先生的大家风范可见一斑，这也就难怪在先生去世几十年之后，仍然可以作为史学界的一杆大旗，矗立在前方，激励着后学者向其靠拢了。

熟悉历史的人都知道，"以人为镜可以知得失"这句名言，是唐太宗李世民在铮臣魏征死后哀叹的一句话。李世民是中国历史上的明君之一，他能够开创出气势磅礴的贞观之治在很大程度上正是由于他能够虚心纳谏。

在史籍中有很多唐太宗和魏征君臣的故事，很多次，由于魏征的铮铮铁骨和仗义执言让太宗感到面上无光，有时甚至还会动杀心。但只要冷静下来，太宗就总能原谅魏征，这是因为他明白，魏征的话虽然刺耳，但却是为了自己和李唐的江山社稷好。

做皇帝尚且不可能事事做对，那就更不要说我们普通人了。人生在世，很难有考虑问题面面俱到、做事情圆圆满满的，犯错误是每一个人都不可避免的。在错误发生的时候，我们自然能够自省，通过自我检查实现自我完善。但是，个人的眼光毕竟是有限的，很少或者几乎没有人能够完全意识到自己身上的问题，这时就必须通过别人的眼睛来观察和判断了。而批评就是别人对我们的判断结果，所以一个成熟的人看待批评应该是把它当做一个自我完善的机会，而不会觉得是别人在故意刁难苛责自己。

美国历史上最伟大的总统之一亚伯拉罕·林肯是个非常虚心的人。在南北战争期间，北军的作战部长爱德华·史丹顿在下属和同僚面前大骂林肯是一个笨蛋。史丹顿之所以如此，是因为他觉得林肯直接干涉了自己的作战部署，是对自己工作的不信任。当时林肯签发了一项命令，调动了部分军队。

当接到这份命令之后，史丹顿不仅联合部下拒绝执行林肯的命令，而且大骂林肯愚蠢。结果如何？当有人把史丹顿在背后对他的指责告诉林肯后，总统却十分平静地回答："如果史丹顿说我是个笨蛋，那我一定就是个笨蛋，因为他几乎从来没有出过错。我得亲自去看一看。"听了林肯这番话，史丹顿顿感无地自容，乖乖地命令部队开拔了。

罗曼·罗兰曾经说过："那些对手的意见，要比我们对自己的看法更接近于真实。"我们很多人都听过并且也相信这句话是正确的，但是，每听到批评的话语在耳边响起的时候，我们却总是难以抑制心中的厌恶和排斥，甚至还会立即本能地自我辩护。你并不用为此感到难过，因为人的本性就是这样。但是，既然知道哪种做法是对的，哪种做法是错的，我们就应该趋利避害，朝对的方向努力。

人们都不喜欢接受批评，总是希望听到别人的赞美，而全然不管这些批评或赞美是否公正。人并不是一种逻辑生物，而是一种情感动物，我们的思想逻辑如同一叶独木舟，在深邃、黑暗的情感之海里漂泊。但只要努力，从心里摒弃这种以自我为中心的态度，建立起闻过则喜的精神，我们还是可以为航行点亮一盏塔灯的。

8. 把别人的藐视当做前进的动力

成熟的人并不意味着没有人来藐视，而是他们能够将他人的藐视转化为自己前进的动力，从而变藐视为肯定。

——黄侃

我们生活在一个多元的社会里，无论做什么事，都或多或少会有周围的目光向我们投射过来。这些目光中自然有赞许、肯定的，但也绝不乏藐视、质疑的，对于他人的赞许我们心里自然会感到很舒服，而对于他人的藐视我们自然会感到难过甚至于愤恨，但我们应该把这愤恨的表情还击给对方吗？如果不是的话，那么我们应该如何面对藐视呢？

被他人藐视并不可怕，关键是自己不能藐视自己，只要对自己有信心，有坚定的意志和吃苦的精神，那么别人的蔑视不但不会成为我们的负担，甚至可以成为我们前进的动力。

战国时期的苏秦我们都知道，他求学为同窗所蔑视，出游为各国君主所蔑视，回家又被哥哥、嫂子所蔑视，但正是在这种蔑视中，苏秦更加发愤图强，终于成为一代名相，身挂六国相印，纵横天下。

在 20 世纪初的美国，种族主义还非常泛滥，尤其是在一些和政府有关的机构，比如说军队，还是相当排斥黑人的。当时，在亚利桑那州，有一位名叫布兰布尔的黑人，他梦想着成为一名蛙人，也就是海军潜水员，但是这在当时几乎是一件不可能实现的梦想。

在当时的美国海军中确实已经有了不少黑人士兵，但这些黑人士兵多从事的是勤务兵和厨师，几乎没有人能够被分配到作战岗位上，更不用说是技术要求非常高的潜水员了。

但布兰布尔就是"不信邪"，他偷偷苦练游泳技巧，相信自己一定能够成为潜水员。一个训练结束的下午，当天天气炎热，让人感觉像待在蒸笼里一样难受。于是白人士兵们纷纷跳下船去，把自己泡在海水里，又能练习游泳，又能消暑。

透过厨房的窗户，布兰布尔看到了这一切，突然，他扔下手里的铲勺，跑上甲板，箭鱼一样跳进海里，迅速地向远方游去。

在训练泳道中，他游泳的速度比最优秀的白人士兵还快了整整 3 分钟。然而，当布兰布尔游回来时，迎接他的不是掌声和表扬，而是 3 天禁闭。当教官要他检讨时，布兰布尔坚定地说："不！我要当一名真正的潜水员！"教官耸耸肩说："厨子，别做梦啦！美国的潜水员，迄今为止，没有一个黑人！"

在上司那里得不到认可，布兰布尔开始求助于他人，他写了几千封申请书，要求去新泽西州的潜水员学校，而不是待在厨房。终于，他的执着感动了一位善良的教官。他以私人名义写了一封推荐信，恳请那里的校长接纳这个优秀的黑人士兵。可是，有着严重种族歧视的校长，表面上收下了布兰布尔，私下里却打定主意：绝不让他当上潜水员！

第一次理论考试，没有接受过完整教育的布兰布尔只考了十几分。校长警告他说，下次再不及格就要他走！周末，其他士兵们开车去镇上喝酒、狂欢，而布兰布尔则以打扫卫生作为交换条件，请求图书馆管理员允许他 48 小时待在这里自习。就这样，第二次考试，他得了 62 分，虽说还不是很理想，但至少保证他可以留下来了。

在潜水课上，白人士兵潜水的时间是 3 分钟。可校长故意将布兰布尔的时间延长，并戏谑地说：黑小子若能活着上来，我的头发就要白了。结果，布兰布尔在海水里潜了足足 5 分钟，安然无恙。

就是在这样的蔑视和刁难下，布兰布尔依然坚持了下来，并因此让自己的技术和意志得到了更大的提高。在一次模拟任务中，一名士兵由于操作失误，被留在了深海中，没有按时上浮。得知这一情况的教练心急如焚但又束手无策，其他战友也只能在一旁默默为他祈祷，但只见布兰布尔换上一套新的潜水设备，一个箭步跳下了水，去营救那名战友。时间就这么分分秒秒地过去了，终于在等待了三个多小时后，筋疲力尽的布兰布尔拽着奄奄一息的战友浮出了水面。看着虚弱不堪、冷得瑟瑟发抖的布兰布尔，战友们响起了经久不息的掌声和欢呼声。

在此后的训练里，蔑视和刁难没有了，布兰布尔用他的实际行动得到了战友们的认可。一年过去了，他以优秀的成绩毕了业，正式成为美国海军的一名潜水员。

生活中，我们常常会遇到他人的蔑视。弱者，只会徒劳地愤愤然，喋喋不休地发牢骚；而强者，却能将蔑视转化成一股奋进的动力，鞭策磨砺自己，努力、努力、再努力，最终战胜困难，证明自己。

9. 不放弃，就有机会成功

理想是美好的，但没有坚强的意志，理想不过是瞬间即逝的彩虹。

——马寅初

当我们又一次倒在奋斗的路上，身心俱疲，我们回忆着自己的每一次失败，那些痛苦历历在目，忽然我们觉得自己遭受了太多的委屈，这条路也许根本就是走不通的，于是我们便决定要放弃，换一条新路来走。

其实人生的失败就是一个坑，无论运气多好的人都难免会掉下去，只不过强者爬起来拍拍身上的土继续赶路，而弱者则选择在坑里不停地呻吟、打滚，并永远地待在那里。

有这样两个淘金者，他们在赶往淘金地的路上相遇了，于是结伴而行。在路上两人互相帮助，虽然遇到了很多困难，但也都一一解决了。转眼间，已经离金山不远了，两个人已经开始梦想着淘到金子并以此致富的场景了，但突然，一群强盗从路边冲了出来，掠走了他们身上所有的东西，连一把铁锹、一张大饼都没有留给他们。

眼看就要到手的成功，却毁于一旦，其中的一个淘金者选择了放弃。他料想就算淘到了金子，等出山的时候这伙强盗还会把金子抢走，因此他垂头丧气地掉头回去了。而另一个淘金者则不然，他没有理会自己的窘境，而是继续向前走，走进了深山。

10年过去了，当初半路折回的那个淘金者已经娶妻生子，日子勉强还过得去，他时常想起当年那个进山的同伴，想知道他到底怎么样了。终于有一天，他得到了消息，那个进山的同伴如今已经成了有名的富翁。

原来，当时他的同伴也知道他所担忧的问题，但想到自己经过千辛万苦已经快摸到金山的边了却要折返，心里怎么也不甘，他决心要通过努力解决这个问题。当他到了山里，发现这里已经聚集了很多淘金者，他们有些人已经淘到了很多金子，但却不敢出山。于是他灵机一动，把那些没有淘到金子的淘金者组织了起来，成立了一个保安队，专门负责消灭附近的强盗，保护淘金者的安全，而保安队的工资自然要由那些淘到金子的人出。这样一来二去，强盗被消灭了，淘金路线安全了，而且他还依靠保安队赚了一大笔钱。

其实我们每个人都会给自己的人生设立一个目标，而这个目标往往离我们非常遥远，当我们不断地为这个目标而努力之后，却一次次地遭受失败和挫折的时候，我们往往很难坚持下去，因为失败的痛苦总是让人难以承受的。

当我们决定放弃的时候，也许还会为自己找一个冠冕堂皇的理由：现实的环境不具备实现这个目标的可能，成功实在是太难了。然而，事实上，成功并不难。说穿了，成功是什么，就是无数次失败之后，再无数次站起，坚持不懈地向目标发起挑战。当我们的努力累积到一定程度的时候，成功就会从天而降。

美国历史上伟大的总统亚伯拉罕·林肯在没当上总统之前一直经历失败的打击。1932 年，林肯失业了，但是他没有气馁，他决心要做一名政治家，当州议员。可是糟糕的是，他竞选失败了。在一年的时间里，连续遭遇两次人生的滑铁卢是痛苦的，但是林肯还是没有对生活失去信心。

紧接着，他着手创办自己的企业，可是在不到一年的时间里，这家企业又倒闭了。在随后的 17 年里，他不得不为自己的债务到处奔波。随后，他又一次参加竞选州议员，没想到，他居然成功了。这让频受打击的林肯看到了希望。

1835 年的时候，林肯订婚了，可是在离结婚还差几个月的时间，未婚妻不幸去世了。这让他的精神饱受打击，为此他卧床数月。1836 年，他患上了神经衰弱。1838 年的时候，他的身体才有所好转，于是又开始参加竞选州议会议长，但是天不遂人愿，他还是失败了。1843 年，他又参加竞选美国国会议员，仍然没有成功。

到了这个时候，林肯的生活可以说是糟透了，企业倒闭、竞选失败、情人离世，这一连串的打击实在让人有点招架不住。但是林肯没有放弃，他还要继续自己的事业，继续为理想而奋斗。1846 年，他又一次参加美国国会议员竞选，这一次，他幸运地当选了。两年以后，任期到了，林肯开始谋划连任，因为他觉得自己在议员的位置上一直表现良好，他也相信选民们还会继续支持他。可是，很遗憾，他没能成功。

这一次的竞选让林肯赔上了一大笔钱，为此，林肯又去申请本州的土地官员。但是州政府把他的申请退了回来，上面指出："做本州的土地官员要求有卓越的才能和超常的智力，你的申请未能满足这些要求。"这又是接连两次的失败。然而，林肯还是没有服输。

1854 年，他又参加竞选议员，结果还是以失败告终；两年后他竞选美国副总统提名，结果被对手击败；又过了两年，他再一次竞选参议员，还是失败了。但是林肯一直没有放弃自己的追求，直到 1860年，他最终当选为美国总统。

林肯总统的经历告诉我们，失败的死敌并不是运气，也不是能力，而是坚持不放弃。一条正确的道路，无论有多少的坎坷，只要走下去，就一定会走到终点；一片蕴涵着丰富水源的土地，无论水层是多么深，只要不放弃地把井打下去，就一定会涌出甘甜的水来。

有的时候，我们会觉得成功之前隔了太多的失败，我们走不到最后。但其实，每一次的失败不就是在向成功靠近吗？坚持下去，撞到每一堵失败之墙，最终你是一定会看到成功之门向你敞开的。

第4章

平常心是道，淡定从容才能走远

做好每天要做的事情，享受生活，享受做好每一件事情所带来的快乐，就会有足够的力量承担突如其来的挫折和痛苦。平常心应该是一种"常态"，是具备一定修养的人才可经常持有的，因为它属于一种维系终身的"处世哲学"。

1. 跌入低谷的时候，至少平静

未经失意，不懂人生。

——周国平

我们说一个人是否成熟的标志就是看他是否平静。一个不成熟的人，随便一件小事就可以在他们的脸上和心里掀起波澜，而成熟者无论是被捧到山巅还是被扔入谷底都会泰然处之，仿佛一切都与他无关。

人的一生总不会是一帆风顺的，俗话说"三十年河东，三十年河西"，我们希望自己总能够矗立在山峰之上，为人所敬仰，但真实的情况却是我们总是处于谷底之中，缓慢地向上方爬去。而当我们因为徘徊于谷底而失意的时候，该保持何种心态，就成了考验一个人是否成熟的重要标准。

熊十力作为著名革命家、哲学家，他早年参加辛亥革命，革命成功之后他归隐著书，从此投身学海。在他跌宕起伏的一生中，他曾经历过好几次的大起大落，几次走入"谷底"，但豁达坦然的性格让他每次都能够平静地面对失意，最终从谷底中慢慢走出。

1920年，熊十力到南京求学。报到时因为很穷，因此他穿得破破烂烂的，书院接待人员看他一脸穷酸相，就把他安排到了下人住的地方，一住就是三年。没有同窗，到处都是鄙夷的目光，熊十力的窘迫可想而知了。但就是在这样的环境下，他仍能泰然处之，终于凭借一次有关佛学方面的论文一鸣惊人。

1937 年，日本发动全面侵华战争，当时在北京大学教书的熊先生不愿做亡国奴，连夜跳上一辆拉煤的火车逃往南方。他离开北京的当天正下着大雨，熊先生躺在煤堆上，又冷又饿，但就是在这样的情况下，他竟然还能甘之如饴地欣赏铁路两边的景致，先生的坦然可以说几臻化境了。

得意和失意是人生的两种状态，而且是两种极端的状态。伴随着这两种极端的人生状态的往往是两种极端的个人情绪，一个是大喜，一个是大悲。殊不知，这正是人生的大戒。人生本就是一个自然的状态，失意和得意不过是人生的两种状态，我们不必为此改变自己的情绪。要用一颗平常心，淡然面对得意，坦然面对失意。

"滚滚长江东逝水，浪花淘尽英雄。是非成败转头空，青山依旧在，几度夕阳红。白发渔樵江渚上，惯看秋月春风。一壶浊酒喜相逢，古今多少事，都付笑谈中。"这首名为《临江仙》的词是我们每个人都熟悉的，词句淡然悠长，给人一种沧桑但又超脱的感觉。这首词千古传唱，经世不衰，但很少有人知道，这首词的作者杨慎写它的时候也正是处于人生的谷底，看不到任何翻身的希望。

杨慎，明世宗嘉靖皇帝时期内阁大学时杨廷和之子，其父权倾朝野，他本人也是进士出身，当时有名的才子。但由于对仪礼事件的坚持，他为嘉靖皇帝所厌恶，受廷杖之后，被谪戍至云南永昌卫，本来美好的人生、坦荡的仕途就这样中断了。

在刚开始的岁月中，杨慎也有过哀怨、慨叹、愤恨不平，但是随着日子一天天过去，他的心态反而慢慢平和下来。在云南那人迹罕至、远离朝堂的地方，他得以从官场的钩心斗角中解脱。寄情于山水的他有了充足的时间读书、画画、看书。

现在离杨慎那个年代已经过去几百年了，什么皇帝、什么朝堂也早已化为尘土，但杨慎和他这首《临江仙》却永远留在了人间，无论王朝如何更迭，他的这首词却永远不朽。

其实无论是荣华富贵还是颠沛流离，那不过都是外部的因素，真正决定一个人人生高度的其实是他的内心。

"诗仙"李白一生漫游，创作了大量的充满浪漫主义气息的传世诗歌。他的诗歌之所以能够充满浪漫主义，正是源于他洒脱不羁的生活。

李白和那个时期的年轻人一样，也希望能够晋身仕途，实现自己的政治抱负。但是，李白不愿意和其他人一样通过科举考试晋身，而是希望有人能够赏识他卓越的才华。所以，他四处漫游，到处结交朋友，拜谒社会名流，希望能够得到引荐，一举实现自己的理想。

天宝元年，机会终于到来，因道士吴筠的推荐，李白被召至长安，供奉翰林，文章风采，名震天下。一句"仰天大笑出门去，我辈岂是蓬蒿人"道出了诗人的自信。李白的才气虽为玄宗所赏识，但是却不见容于权贵。

不愿意谄媚于权贵的李白，三年之后就弃官离开，继续他那漂泊的流浪生活。而且经历了这场宫廷风波之后，李白反倒变得更加洒脱了，他不再强迫自己进入那自己并不熟悉的官场。终其一生，李白再没有什么"建功立业"的机会了，但坦然的心境却成了他创作的源泉，其后他创作了大量的诗歌，那充满浪漫主义气息的诗歌受到后世文人的追捧。千年以后，大唐王朝早已不复存在，但那"诗仙"的名号却依然闪耀着。

坦然，就是心态平和、顺其自然，这是面对失意时应该有的心态。任何人的人生都不是一帆风顺的，有众星捧月、鲜花与掌声簇拥的时刻，就有藏于角落、无人问津的时候。人生的挫折在所难免，升学、就业、婚姻、家庭每个方面都有可能出现意想不到的挫折。然而，挫折只是人生的过程，而不是人生的终结。只要我们能够坦然面对，保持积极的心态，那么我们一定可以从挫折中走出，重新拥有成功的人生。

诸葛亮曾经说："非淡泊无以明志，非宁静无以致远。"一个人只有能够做到坦然面对一切外部环境，"不以物喜，不以己悲"才能算得上是一个真正成熟的人，也才能够最终成就自己的事业。

2. 看开些，人生没有绝对的公平

古人说："文武之道，一张一弛。"有张无弛不行，有弛无张也不行。张弛结合，斯乃正道。提倡糊涂一点，潇洒一点，正是为了达到这个目的。

——季羡林

无论在任何时代、任何地区，公平永远是一个敏感的话题。我们渴求公平，但我们也知道，实际上完全的、绝对的公平是并不存在的。有的人长得漂亮人见人爱，有的人则其貌不扬引不来别人的目光；有的人天生聪慧，有的人却资质鲁钝；有的人体魄雄健，但有的人却患上先天残疾……不公平的现象从人一出生就已经出现，而当人渐渐地长大，慢慢步入社会，不公平的现象还将越来越多，境遇、人缘、运气等不一而足。

当不公平的现象出现在我们周围时，我们一般都会慨叹、懊恼甚至怨天尤人，但其实无论我们怎样做，不公平的现象都不会因此改变。与其这样，还不如保持一个良好的心态去面对不公平，淡定一些，积极一些，把对不公平的不满化作动力，努力做好自己应该做的，这样的话反而可能会在一定程度上弥补人生的不公平。

如果一早醒来，你发现自己还在呼吸，那么上帝已经对你够好了，因为在你睡觉的时候，已经有几十万人离开了人世；当你起床之后，你有现成的早饭可以吃，你身上有衣服穿，那上帝已经对你够好了，因为你要知道，这个世界上还有很多的人每天要为自己的衣食发愁，为了一顿饱饭，他们甚至要付出生命的代价；如果你发现自己的身上还有现金、银行里还有存款，那么你已经足够幸运了，因为这世界上还有很多人身无分文……

人生中充满着不公平，中国有句俗话说得好，"比上不足，比下有余"，当你为自己的不公平而愤恨的时候，想一想那些正遭受磨难的人，相对于你，他们是否更不公平。而且，人们觉得不公平的痛苦主要还是来自于向上看，看到比自己好的人，但要知道，那些看起来"幸运"的人，他们也是经历了无数的磨难的。

有一位年轻人来到了上帝面前，他向上帝抱怨说命运对自己不公平，上帝叹了口气说："你年轻聪明，壮志凌云。你不想庸庸碌碌地了此一生，渴望声名、财富和权力。因此，你常常在我身边抱怨：那个著名的苹果为什么不是掉在你的头上？那藏着'老珠子'的巨贝怎么就产在巴拉旺而不是在你常去游泳的海湾？拿破仑偏偏能碰上约瑟芬，而英俊高大的你总没有人垂青？于是，我想成全你，先是照样给你掉了一个苹果，结果，你把它吃了。我决定换一个方法，在你闲逛时将硕大无比的卡里南钻石偷偷放在你的脚边，将你绊倒，可你爬起来后，怒气冲天地将它一脚踢下阴沟。最后，我干脆就让你做拿破仑，不过像对待他一样，先将你抓进监狱，撤掉将军官职，赶出军队，然后将你身无分文地抛到塞纳河边。就在我催促约瑟芬驾着马车匆匆赶到河边时，远远听到'扑通'一声，你投河自尽了。唉！你说我还能为你做什么？"

我们有时会慨叹命运的不公，但其实并没有想到，真正让这种不公长久伴随我们的其实是我们的内心。

人生没有绝对的公平，只有相对的公平。想要获得更多，那也必定要比别人承受得更多。没有谁的成功是不需要付出任何努力的，所以请尊重每个努力的人，尊重他们付出后所得的成果！不要轻易地蔑视或破坏！别总觉得世界不公平，要知道每一份成功背后的辛酸都是刻骨铭心的。

不公平是客观存在的，我们追求公平，但却不能苛求生活给自己绝对的公平。生活是没有道理可讲的，当我们遇到不公平的事情的时候，没有必要怨天尤人，也没有必要自怨自艾。虽然不公平在很多时候会让我们感到痛苦，但是过多的不满和抱怨更会加深这种痛苦，只有看淡不公平的事情，它才不会在我们的心里造成涟漪，才不会因此而愤世嫉俗，甚至失去生活的信心。

"大聪明的人，小事必朦胧；大事懵懂的人，小事必伺察。"不公平的事情总是生活中的一部分，而不是生活的全部，如果我们对那些不公平的事情总是耿耿于怀，那么对我们的生活将会产生不好的影响。生活并非时时刻刻都是那样美好，但是只要我们能够坦然面对不公平的事情，生活最终会向我们展露它最灿烂的微笑。

3. 名利于我如浮云

> 到了今天名利对我都没有什么用处了，我之所以仍然怕，是出于惯性，其他冠冕堂皇的话，我说不出。"爬格子不知老已至，名利于我如浮云"，或可道出我现在的心情。
>
> ——季羡林

太史公司马迁在《史记·货殖列传》中有句名言："天下熙熙，皆为利来；天下攘攘，皆为利往。"这句话形象地描绘了人世间的生活百态。传说乾隆皇帝微服下江南，有一次借宿江苏镇江的金山寺。在寺中乾隆与方丈攀谈，忽然他看到寺外京杭大运河中万帆相竞、百舸争流，于是感慨大发，便开口问道："老方丈，你在这镇江住了几十年，可知道每天来往多少船只吗？"老和尚略作沉吟后回答道："我只看到两只船，一只为名，一只为利。"

名与利，这几乎是每个人都关心的东西，就算不关心也无法漠视。追名逐利，这四个字几乎就可以概括很多人的一生。但正如季羡林先生所言，名与利真的是必要的吗？

钱钟书先生是我国难得的通才、大家，无论是古学还是新学，无论是中文还是外语，他都无所不通，但更让人慨叹的，还是先生那淡泊名利的情怀。

曾经有一次，法国巴黎的《世界报》撰长文力捧钱钟书先生，认为中国最有资格荣膺诺贝尔文学奖殊荣的，非先生莫属。每天阅读外国报纸的钱先生，读到这一信息后迅速做出反应，立马在《光明报》上发表笔谈式文章，历数诺贝尔奖委员会的误评、错评与漏评。条条款款有根有据，其表面上是在批诺贝尔奖委员会，实际上却是在打消掉自己获奖的可能。

季羡林先生也是淡泊名利的表率，"文革"结束后，被恢复了名誉和职务的季先生成了学界的香饽饽，各种邀请、聘任、采访纷至沓来。面对如此多的虚名实利，季先生却选择了躲避，对于这些他是能推就推，不能推掉的也尽量不让它影响到自己的正常生活。1981 到 1998 年，17 年间当有的人靠着资历名望大赚外快、大捞实惠的时候，季先生却把自己关在书斋里，把全部精力都放在对《糖史》的撰写上面，十七年如一日。又十几年过去了，季先生与他同时代的人也大多都过世了，往日的名和利也已化为烟尘，但季先生的淡泊将和他的《糖史》一样永载史册，为我们永远铭记。

诸葛亮说过，"非淡泊无以明志"，世人却总是脱不开"名利"二字，因此才有了庸庸碌碌的一生，而那些能够看淡名利、宁静致远的人却最终能够成就别人无法企及的事业。这个道理也许每个人都懂，也想保持一颗淡泊宁静的心，但一到了名利面前，却又变得不甘心，最后纷纷奔走到拥挤的名利路上来。为何会有这样的现象呢？归根结底是因为人内心的欲望。

名利之所以能够对人形成那么大的吸引力，根源还在于人的欲望太过强烈，欲望促使我们采取行动去占有名利。

名利与欲望总是遥相呼应的，名利所能给人们带来的种种快感，正是欲望所需求的。当我们对财富有极强的欲望的时候，就会想尽一切办法去求利；当我们向往雷鸣般的掌声和鲜花的簇拥时，我们就会动用一切力量去为自己争取名誉；当我们贪图享乐的时候，我们就会不断地去累积财富。总而言之，只要我们的欲望不息，对于名利的渴望就不会灭。

商朝殷纣王是有名的暴君，他刚刚继位不久，有一次命人为他打造一把象牙筷子。他的大臣同时也是他叔父的箕子听到这件事之后，进谏说："象牙筷子肯定不能配瓦器，要配犀角之碗，白玉之杯。玉杯肯定不能盛野菜粗粮，只能与山珍海味相配。吃了山珍海味就不肯再穿粗葛短衣，住茅草陋屋，而要衣锦绣，乘华车，住高楼。国内满足不了，就要到境外去搜求奇珍异宝。我很担心。"纣王听了箕子的话不以为然，箕子见劝谏无效，就带着族人奔辽东去了。后来，事情的发展果真如箕子所料，纣王荒淫无度，造肉林酒池、鹿台炮烙，终于激起国人的怒火。

《老子》有曰："知足之足，常足矣。"生活中存在太多能够诱惑我们的东西，这些东西都会激发我们的欲望。所以，我们必须能够克制自己的欲望。当发觉欲望在不断膨胀的时候，应该及时收敛，将欲望限制在一定的范围之内。

"不畏浮云遮望眼，只缘身在最高层"，名利和它背后的欲望就是遮挡在我们成功路上的浮云，如果想要战胜它们，直抵成功的彼岸，我们就要提高自己的境界，始终保持一种超然、淡定的心。

4. 学会给欲望打折

社会上的浮躁风气和商业上的投机心理侵蚀着学术，一些学者忘记了学术的目的，或急功近利，粗制滥造；或媚于世俗，热衷炒作；有的人甚至丧失学术道德，以抄袭剽窃的手段换取一时的名利。

——袁行霈

"一箪食，一瓢饮，在陋巷，人不堪其忧，回也不改其乐。"这是孔子评价其弟子颜回的一句话。颜回是智者，他能够抑制心中的欲望，苦中作乐，这也就难怪在三千弟子中孔子对他是最赞赏的了。

鲁迅先生说过："生活太安逸，工作就会被生活所累了。"先生这句话说得很对，很多人天资聪慧、才高八斗，但最后却一事无成，就是因为抛不开心中物质欲望的纷扰，不能把全部的精力放到正确的地方。

一个人只有抛开心中欲望的纷扰，真正把自己从物质的束缚中解脱出来，才能够成就不朽的事业。

2011 年，一幅名为《长江万里图》的画作在某拍卖行以 1.3 亿元的天价成交，创中国现代国画拍卖之最。画的作者，我国著名画家吴冠中先生一时成为媒体关注的焦点。

作为 20 世纪现代中国绘画界的代表人物，吴冠中多年来一直保持着中国传统文人那种安贫乐道的精神。很多人不知道，已经有多幅作品拍出天价的吴先生，他泼墨著书的书房却只有狭小的 5 平方米，还不及很多人家的一个卫生间大。在生活的其他方面，吴先生也一直保持着朴素的作风，譬如说理发，他只会去小区退休职工办的露天摊位理，早餐也总是在楼下随便买一点豆浆油条就算了。

得知吴先生生活如此简朴，很多房地产开发商都表示要送吴先生一套房子，其中一位开发商了解到吴先生有四合院情结，还主动提出把楼房顶层量身定制为吴老建四合院，但都被他一一拒绝了。据统计，几十年来吴先生的画作累积拍卖价已经高达几十亿人民币，但对于吴先生来说，这一切仿佛都与他无关，他依然是那在绘画艺术上步步前行的求道者。

其实，如果我们能够停下来回头看看自己走过的岁月，我们就会发现，除了一路追寻物质的脚印，我们其实什么都没有留下。很多时候，事业和成功都是在淡泊和刻苦中积累起来的，我们什么都没有留下是因为我们把时间都用在了享受和索取上面，却全然忘记了，要索取就要先付出，想要获得成功就要先控制欲望。

华人首富李嘉诚拥有巨额的资产，但是他的生活似乎和他的资产并不对称。他曾经说："就我个人来说，衣食住行都非常简朴、简单，跟三四十年前根本就是一样，没有什么分别。"

李嘉诚用饭经常是一菜一汤，或者两菜一汤，饭后加一个水果。有时喜欢吃稀饭加咸菜，或者咖啡、牛奶、面包。他在公司总部宴会厅宴请客人，通常连水果在内八道菜，碗是小号的碗，分量都是有控制的。没有大鱼大肉，只令客人吃到恰好分量，不致胀腹，也不致不够，力求做到不浪费。

在公司里，李嘉诚与职员一样吃工作餐，他去巡察工地，工人吃的大众盒饭，他也照样吃得津津有味。

有谁敢说李嘉诚不富有呢？但如此简单、平淡的生活，在我们普通人看来哪里像是一个亿万富翁过的，但他的生活却切切实实如此。不仅如此，他还在这简单的生活中得到了旁人无法企及的快乐。

其实快乐本就不是金钱所能衡量的，我们周围的一些人，他们没有强烈的物质需求和权力欲望，但却比我们过得快乐。我们也会发现，有的人不温不火地经营着他们那平凡而乏味的事业，在我们看来，他们的事业似乎十几年都没有发生任何变化，但他们仍旧每天默默地耕耘着这片属于他们的天地，并因此而感到快乐。其实，在更多时候，欲望的减少本就意味着快乐的增加。

有一个人发现路边每天都有一个流浪汉躺在那里晒太阳。流浪汉身体没有任何残疾，也看不出智力不健全来，但就是什么都不去做，每天都躺在那里。

有一次这人实在忍不住，便问流浪汉为何不去工作，流浪汉回答说自己现在过得很好，何必去工作呢？那人再说："如果你工作了你就会有钱，有了钱就可以做很多想做的事情了啊！"流浪汉说："我现在已经在做我想做的事情了啊，我最想做的事儿就是无忧无虑地晒太阳啊！"

奢华的生活折射出了一部分人的心灵的空虚，正因为他们对自己的人生缺乏正确的认识，不辨人生的意义，所以，才会用物质装点自己的生活。事实上，人是具有享受朴素的生活方式的天性，因为只有朴素的生活方式才能让人撕下伪装的面具，洗尽铅华，感受心灵的宁静与大自然的空灵，获得精神意义上的满足。

5. 简单，幸福生活的完美基调

自古以来，一切贤哲都主张过一种简朴的生活，以便不为物役，保持精神的自由。事实上，一个人为维持生存和健康所需要的物品并不多，超乎此的属于奢侈品。它们固然提供享受，但更强求服务，反而成了一种奴役。现代人是活得愈来愈复杂了，结果得到许多享受，却并不幸福，拥有许多方便，却并不自由。

——周国平

什么是幸福的生活？对于这个问题，不同人的回答可能是五花八门的。这是为什么呢？原因是幸福的定义实在是太复杂了，根本就没有统一的标准，也就肯定不会有统一的满足条件。但是如果想真正获得幸福，对于所有人来说，基调却是一致的，那就是尽量让自己的生活过得简单。

近现代文坛人才济济、百家争鸣。在名家辈出的文坛，几乎每个文人都有自己独特的历程和生活方式，但若谈起到底哪个人的生活方式是最让人羡慕的，那无疑就是梁实秋了。

梁实秋是近代最负盛名的作家和翻译家，他翻译的莎士比亚全集至今是汉英翻译教学中的典范。和同时期的文人大多参与政治不同，梁先生对政治的态度是退避三舍，他一再强调文学和文人应该保持独立的思想和生活，尽量去阶级性。

在北大教书的时候，他一心过简单质朴的生活，上课、听戏、下馆子、游园子，从来不将自身和政治挂上钩，无论是身边的哪位同事又高升进政务院了，抑或是自己的哪位知己又收到某政府机构的邀请了，梁先生都装作不知，观其一生，这种简单的生活志趣梁先生从未改变过。也正因为有这样简单的生活，才使得梁先生在旁人都忙于世俗杂务的时候，能够潜心于书斋，把精力全放在提高文化修养上面，他先后发表的《雅舍小品》等散文著作开创了一股清新的文风，成为后世争相效仿的对象。

在复杂的社会中，我们总是不自觉地让自己的生活也变得复杂，事业、家庭、人际关系这每件事都让我们的身心时刻处于高速运行的状态，以至于过度疲劳。但只要我们仔细思考一下就会发觉，其实很多时候，复杂的生活是我们自己造成的，而因为复杂所带来的疲劳和不幸福，其根源也来自于我们自己。

我们渴望得到更好的生活，因此总是迫使自己处于忙碌中。我们要这要那，就会因此让生活变得复杂，渐渐地复杂和忙碌掩盖了我们人生的本质。而只有简单的生活，才能让我们重新回归自然，找回真正属于自己的人生。

米兰·昆德拉曾发出如此的感叹："生活的乐趣怎么失传了？古时候的那些闲荡的人到哪儿去了？民歌小调中游手好闲的英雄，那些漫游各地磨坊，在露天过夜的流浪汉，都到哪儿去啦？他们随着乡间小道、草原、林间空地和大自然一起消失了吗？"没有！只要我们让自己的生活变得简单起来，那么这一切的乐趣就将会重新回到我们身边来。

简单的生活就是换个活法，换个思维方式，在忙忙碌碌的生活中，我们很难体会到简单生活的乐趣，那就不如换个思维方式，不要把工作看得那么重要，比如偶尔偷个懒、开个小差，都是一种让工作变轻松的方式。

简单的生活，或许就是泡一杯清茶或者是咖啡，放在有阳光的阳台上，找一本自己喜欢但平时又没有时间读的小说、杂志，舒适地靠在躺椅上，用一天的时间把它读完；简单的生活，或许就是拔掉电话关掉手机，一个人静静地躲在屋子里看一部心仪的电影，或听一张喜欢的唱片，忘掉工作和生活当中的一切，把自己沉浸在一个人的空间中；简单的生活，抑或是在春暖花开的季节，和亲爱的人一起走出城市，去外面的世界享受大自然的魅力，呼吸一口清新的空气，忘却烦躁的工作，忘记城市的喧嚣，在绿荫下、阳光下、草地上，享受一次难得的野炊和聚会，让我们的身心得到自然的洗涤。

当我们身心疲惫，为生活中某个问题所困扰时，就不妨改变一下生活方式，让自己过得简单一点。简单的生活反而可能会激发出我们欣赏生活、欣赏自己的细胞，让生活变得幸福。而在幸福生活中，相信我们的精神也会得到提升，等到再遇到问题的时候，我们能以饱满的精神去应对，也会让问题迎刃而解的。

凭借影片《泰坦尼克号》而一举成名的英国女演员凯特·温斯莱特，被人誉为"英伦玫瑰"。她在因参与影片《泰坦尼克号》的拍摄而获得巨大成功后，众多电影公司也纷纷向她抛出橄榄枝，希望她加盟；各大新闻媒体纷纷采访她，忙碌的生活让她几乎忘了睡眠。她累了，她遇到了"瓶颈"，不是事业上的，而是心灵上的。于是她决定给自己放个假，她隐退于影视圈，推掉一切片约和采访，让生活重回简单，终于她调整了自我，重新回到了幸福生活的轨道上来。经过一段时间的沉淀之后，她对生活的感悟得到了提升，两年后复出的她，超越了自我，凭借《朗读者》一举获得奥斯卡影后的殊荣。

生命总是有它自己的运行规律的。我们那些"日出而作，日落而息"的祖先并没有我们这么多的物质享受，但他们的生活未必没有我们幸福，很多时候，我们的幸福就是毁在了太多的物质、太复杂的生活上面。

过得简单一些，抛弃掉那些没用的繁杂事务。弱水三千我们也只能取一瓢饮，生活中再多的元素我们的一天也只有 24 个小时，尽量把有用的时间花在有限的人和事上面，这也是对自己的人生负责。

6. 不以物喜，不以己悲

我在茫茫人海中，寻找自己灵魂之唯一伴侣，得之，我幸；不得，我命。如此而已。

——徐志摩

北宋伟大文人、改革家范仲淹在其名篇《岳阳楼记》中有这样一句著名的话："不以物喜，不以己悲，居庙堂之高，则忧其民；处江湖之远，则忧其君。"这句话为我们昭示了一个道理，那就是豁达的人应该有兼济天下的情怀，而不能过于重视自己的得失。

《庄子·秋水》里面有句话："得而不喜，失而不忧。"它的意思就是说：得到了不必狂喜狂欢，失去了也不必耿耿于怀，忧愁哀伤。不以物喜，不以己悲，这是一种非常高的人格修养，然而，在现代社会，已经很少有人能够做到这一点了。我们看到更多的反倒是周围的人把自己的快乐和忧愁建立在得失之上，得到了就非常高兴，一旦失去就过分忧虑，甚至为了少失去多得到不惜牺牲自己的道德和尊严。

人之所以会那么重视自己的得失，是因为我们已经将人生是否成功完全与物质的得失等同起来。比如说，租房子住的觉得有房子住的人比自己幸福，有房子住的觉得住别墅的比自己幸福，而住别墅的也以为别人比自己幸福，就是这样，每个人都感觉自己是不幸福的。因此，每个人都拼命地去得到更多的东西，让自己的生活更加"幸福"。然而，物质的增加永远都不会让我们的心灵得到满足，反而会让我们受到物质的负累。

法国大作家福楼拜在他的小说《包法利夫人》中对盲目追逐虚荣的人做了很深刻的描写：主人公艾玛是一位一心向往贵族生活的小资产阶级妇女，因为不满足平庸的生活而逐渐堕落。她为了追求浪漫和优雅的生活而自甘堕落与人通奸，后来因为负债累累无力偿还而身败名裂，只能靠做一个低贱的洗衣女工来维持生活。满手茧子，肮脏的脸上布满皱纹，这和她想要当公主的理想相去甚远，最后她绝望地服毒自杀了。

物质对于那些贪婪而又没有自控能力的人无异于穿肠毒药，止渴之鸩。为物质而迷失自我者，不仅得不到想要的生活，反而会跌进不幸的深渊。

我们只要翻开报纸就经常能够看到这样让人啼笑皆非的新闻，有些人在没有钱的时候，生活虽然很贫困，但是很充实，依然可以感受到生活的快乐。但因为某些原因，他们在一夜之间暴富了，于是他们的生活就发生了改变。物质的欲望之门打开了，取而代之的是奢华和无穷无尽的享受。但是久而久之，由于不置产业，暴富所得慢慢被他们挥霍一空，这时他们想要再回到贫穷的生活中却发现自己再也找不到往日的快乐了，因此苦恼不已。其实他们的苦恼皆是自取，试想如果他们一开始对暴富就保持一种良好的心态，那么又怎么会有这种情况发生呢？

有一个人一直过着安分守己的日子。有一天，他闲来无事用两元钱买了一张彩票，但没想到他真的中了个大奖。因为平时就喜欢跑车，于是他用奖金买了一辆名车，整天开着车兜风。

然而有一天不幸来临了，他的车子被盗了。朋友们得知消息，都怕他受不了这一打击，便一起来安慰他。可看着前来安慰自己的朋友，他却哈哈大笑："如果你们中有谁不小心丢了两块钱，会悲伤吗？"众人面面相觑。他接着说："我用两块钱买的彩票换来了车，现在车丢了，不就是两块钱的损失吗？"

一反一正，这个人的心态值得我们所有人学习。其实，人这一生的荣辱都是做给别人看的，跟自己并没有太大的关系，而只有自己过得幸福，那才是人生的真谛。"不以物喜，不以己悲"，得之，我幸；不得，我命，用这种宁静平和的心态对待人生的起伏，那么无论是得还是失，我们都能够描绘出美丽的人生篇章。

7. 记住该记住的，忘记该忘记的

如果不能忘，或者没有忘这个本能，那么痛苦就会时时刻刻都新鲜生动，时时刻刻像初产生时那样剧烈残酷地折磨着你。这是任何人都无法忍受下去的。然而，人能忘，渐渐地从剧烈到淡漠，再淡漠，再淡漠，终于只剩下一点残痕；有人，特别是诗人，甚至爱抚这一点残痕，写出了动人心魄的诗篇，这样的例子，文学史上还少吗？

——季羡林

有人说过"能够忘记的人是幸福的"。每个人都有属于自己的过往，经历的事情越多，记忆也就越多。在这份属于个人的记忆里面，当然不乏美好的、快乐的场景，但同时也会有悲伤的、不堪回首的往事，就像在谷堆中抓一把稻米，其中不免会掺杂一些稗子。

那些美好的记忆，我们应该把它珍藏起来，并时常拿出来翻阅，而对于那些痛苦、不堪的记忆，我们则应该让它随时间一起流逝，化之于无形。但在现实生活中我们看到和经历的却并非如此，回忆里总是被痛苦和遗憾占据，那些美好记忆留下的也只有沧桑，为何如此呢？这就是因为我们太执着于完美了，总有弥补遗憾的情结，因此该忘的忘不掉，该记的记不住。

其实无论是对于感情还是别的什么，真正放不下的是人的内心。当我们发现自己总是纠结于一件事而不能自拔的时候，我们更应该多问一问自己，有这个必要吗？其实有的时候，只要放宽心就一切烦恼都没有了。

有一个小故事：

某天，一个老和尚带着一个小和尚去山下化缘，来到一条小河边，师徒二人看到一个女人，由于没有桥，想过河的女人正在河边徘徊，不知如何是好。看到此情景的老和尚就背着那名女子过了河。女子道谢离开了，小和尚心中大惑不解，师父怎么可以背一个女子过河呢？走了很长时间，小和尚终于忍不住了，就问师父："我们是出家人，你怎么能背一个女子过河呢？"老和尚淡淡地说："我把她背过河就放下了，可你却背了那么久。"

其实每个人的人生就是一场旅程，沿途我们会遇到很多别样的风景，也会遇到很多坎坷的道路。如果我们一路走来，总是把自己曾经的遗憾和伤害都记住，那么我们所背负的东西就会越来越重，未来的路就越来越难走。而且伤痛的记忆太多了，美好的记忆便再也承载不下了。因此一路走来，我们只有忘记伤痛，才可能让生活变得更美好、更轻松。

聂绀弩是我国现代著名的诗人，早年参加过北伐战争，革命成功后从事办报工作，因此无论在政界还是在文化界他都非常有声望，其诗文体例和风格都别具匠心，为当时很多大学问家所推崇。后来却在"文革"中一次次跌进痛苦的深渊。等聂先生被"平反"了，恢复了名誉地位的聂先生因其学识也因其傲骨再次引起了学界和政府的重视。先生声名地位日隆，恢复了正常生活的先生似乎忘记了他人的背叛和自己受过的磨难，对那些亲友一如既往地给予关照和体贴。有很多人不理解聂先生的所作所为，但其实这正是聂先生的睿智之所在，无论如何怨恨憎恶，过去的时光终究是追不回来了，与其总是纠结于被出卖不能释怀，倒不如彻底忘记，就当没有发生过，多一些朋友总比孤家寡人要好。

三个很要好的朋友相约去旅行。这一天，他们来到一座荒山，在攀岩的过程中，有一个人踩在了湿滑的青苔上，差点滑下山谷，幸亏他旁边的那个朋友眼疾手快，一把抓住了他，把他拉了上来。被救的那个人非常感激，他在山上的石头上刻下了这样的一行字："某年某月某日，好朋友某某救了我一命。"刻完之后，他们继续前行。

这一天，他们又来到了海边，也不知因为什么事情，两个人吵了起来。当初救人的那个人还打了被救的那个人一巴掌。那人非常愤怒，然后就在沙滩上写下了这么一句话："某年某月某日，好朋友某某打了我一巴掌。"

另外的一个人对他的举动很不理解，旅行结束之后，他就问那个人为什么要把被救的事情刻在石头上，而把被打的事情写在沙滩上。那人回答说："写在石头上的字迹永远不会消失，我对他的感激之情就会永远存在；写在沙滩上的字迹会随着潮水的涌动和人们的踩踏而很快消失，我对他的怨恨也就无影无踪了。"

人的一生总是要经历种种事情，那些曾经令我们感动的、开心的事情往往很容易淡忘，而那些曾经令我们愤怒的事情却很容易深深地刻在我们的脑海中，而这些回忆正是造成我们人生痛苦的根源。每当夜阑人静的时候，在我们的脑海里涌现的不是那些温馨的画面，而是那些令我们万分生气的场景，这样，我们就会忽略正在进行的生活中的种种美好的事物，而沉溺于过去的痛苦中。

大文豪泰戈尔说过："如果你为失去太阳而哭泣，你也将失去星星。"如果我们总是纠结于那些痛苦的往事，那么不光过去的美好记忆会慢慢消散，现在正经历的美好时光也会被我们忽视。因此学会忘记吧！只有学会忘记，忘记那些曾经的哀伤和遗憾，记住曾经的快乐和幸福，才能够让我们以积极的、坦然的心态去面对现在、面对未来。

第 5 章

不怕走在黑夜里，最怕心中没有阳光

　　人有悲欢离合，月有阴晴圆缺。人生之路会遇到许多难以预料的事。在挫折面前，我们应当积极应对，多往好的一面想，并为此而努力。我们不能左右事物的发生、发展，但我们可以用积极的心态和乐观的精神去面对它。

1. 只有正视现实才能战胜现实

我们必须以现实做出发点，我们既不能像孙行者摇身一变，脱离这个现实的世界，翻个筋斗到天空里去，那么我们只有向前干的态度，只有排除万难向前奋斗的一个态度。

——邹韬奋

我们每个人生活在世界上，都是带有一定理想的，但现实却又不会总是和我们的理想一样，在很多时候，现实与理想之间的差距还是非常大的。当我们所面对的现实与理想出现差距，而无论我们如何努力却总是不能改变的时候，我们又该如何去做呢？

陶行知先生是我国著名的教育家，先生学问根底深厚，留学美国并受到过实用主义教育家杜威的指导，因此可以说是身负着经世救国之学。1917 年先生自美国回国，一腔热血想要投身到祖国的建设上来，但当接触到当时国家的现实时，先生震惊了。

20 世纪二三十年代的中国，民生凋敝、百业不兴、军阀混战、生灵涂炭，当时拥有中国人口 80% 的农村更是一片萧条景象，农民过着贫穷、愚昧、落后，受压迫、受欺凌的悲惨生活。这种种现实与陶先生先进的思想和抱负产生了强烈的反差，深深地刺激着先生那颗忧国忧民的心。

怎么做？是返回美国过自己的太平日子还是乔居庙堂只作不知，都不是！既然看到了，那么即使现实再残酷，也要努力去克服它，陶先生是如此想的，也是如此做的。从 1926 年开始，陶先生放弃一切高官厚禄的挽留，以留洋博士、学问大家之躯，毅然投身到了乡村教育建设当中。从 1926 年开始直到 1946 年辞世，20 年间先生一步也没有离开自己的岗位，默默地为中国乡村教育贡献自己的力量。在先生的努力下，中国乡村教育事业取得了长足的发展。

有的时候，现实是非常残酷的，但残酷并不意味着不可战胜，只要抱定理想坚持下去，希望总会有实现的那一天。但可惜的是，很多人却在这残酷的现实面前败下阵来，望而却步或者浅尝辄止，失败还没到来便想着要逃避了，这样的人，如果不从内心发生改变，终其一生也是不会取得任何成就的。

前些年发生过一件事，某登山社团去爬山却因天气恶劣而丧生了，那时候有记者就此事访问过某位登山专家。见面之后，记者提出了自己的问题："如果我们在半山腰，突然遇到大雨，应该怎么办？""向山顶走。"登山专家坚定地说。"为什么不往山下跑？山顶风雨不是更大吗？""向山顶走，固然风雨可能更大，却不足以威胁你的生命。至于向山下跑，看来风雨小些，似乎比较安全，但却可能遇到暴发的山洪而被活活淹死。"登山专家严肃地说。

对于风雨，逃避它，你只有被卷入洪流；迎向它，你却能获得生存！登山是如此，人生也是如此。危机已经成为现实，我们就不要再想去逃避，正视现实，迎上去、解决它才是真正的强者风范。

我们看到过很多成功的人，并不是他们有多么强大，而是因为他们能够正确认识现实，明白苦难所在，进而也就掌握了克服困难的方法。

某个大学，几十个学生正聚在一位教授家的门前草坪上，他们正在上一堂别开生面的课。白发苍苍的老教授指着一棵老槐树说：

"这里有一窝蚂蚁，与我相伴多年。"学生们凑上前观看，树缝里有小洞，小蚂蚁们东奔西跑，进进出出，非常热闹。

教授接着说："近些日子，我常常想办法堵截它们，但未能取胜。"学生们发现，树周围的缝隙、小洞大多被泥巴、木楔给封住了。"可它们总是能从别处找到出路。"教授说，"我甚至动用过樟脑丸、胶水。但是，它们都成功地躲过了劫难。有一段时间，我发现它们唯一的进出口在树顶，这是很不方便的。一周后，我发现它们重新在树腰的空虚处开辟了一个新洞口。"

学生们听过之后纷纷点头，但又不知道教授说这些话的意思。教授环顾四周，缓缓地解释道："蚂蚁们的生存环境不比你们广阔，它们的奋斗舞台实在很狭窄。但重要的是，它们知道自己的力量。因此，它们没有与我这个'命运之神'对抗，而是忍让与适应。当它们知道自己无法改变洞口被堵死这一事实时，它们就很快地适应了。成功的关键，那就是先要认清现实。"

很多失败的人并不是他们本身有多差，而是他们总是不能认清现实。有的时候，现实是需要我们坚持、需要我们硬碰硬的，但有的时候现实却需要我们采用迂回的方法，变通一些。现实总是在变化的，但战胜现实的前提却始终如一。

所谓成功和失败，更多的原因在于人的内心，没有人天生就是失败的，他们的失败更多是咎由自取。现实是横亘在我们成功路上的一堵墙，失败的人或者在前面哀叹，或者直挺挺地撞上去，这两者都带不来成功，真正的方法是先摸清墙的样子，然后寻找墙的破绽。其实有的时候，门就开在墙上，只是看你有没有耐心去发现了。

2. 悲观挡住了你的阳光

在实际工作中要知难而进，不要一遇到苦难便低头。

——马寅初

有人说过，悲观和失败就是一对孪生兄弟，你的失败会让你产生悲观的心理，而总是处于悲观心理当中的人，他也是不可能取得人生的成功的。

其实很多事情并不是我们没有能力去做，很多成功也并不是遥不可及的，更多的时候是我们自己没有勇气把手伸出去，总以为事情要比我们想象的难，总让悲观的心态束缚我们的心理和行为。

我们之前讲过，鲁迅先生在看到中国人的境遇和其劣根性的时候也是悲观的，因此把很长的时间都放在抄写碑文上面。但经过钱玄同一番劝解，先生打消了悲观的情绪，振作了起来，终于成为一名民国史上赫赫有名的民主斗士。

其实每一个刚走出校门的年轻人都是充满朝气的，他们雄姿英发，意图通过自己的努力来改变社会，但是在经过了岁月的磨炼和失败的考验之后，他们之中大多数的人最终归为了平庸，变成了一个悲观的利己主义者，最终成为了成功者的垫脚石和观众。

其实，每个人的成功之路都不可能是一帆风顺的，遭受挫折和失败总是在所难免的。成功者和失败者非常重要的一个区别就是当挫折和失败发生后，他们如何去应对。

失败者在面对失败的时候，记住的是伤痛，他们被失败深深地打击了勇气，因此陷入悲观的情绪中不敢再努力；而成功者则不然，

113

失败对他们来说虽然同样难以忍受，但是他们却能够反省自己，他们在失败中看到的是经验，因此在一次又一次失败面前，他们总是对自己说："我不是失败了，而是还没成功。"

哲学家尼采曾经说过："受苦的人，没有悲观的权利。"这是因为，我们已经在承受巨大的痛苦了，就不应该人为地给自己增加更大的痛苦，因此不但不能悲观，反而要比他人更加积极。

一个暂时失利的人，如果鼓起勇气继续努力，打算赢回来，那么他今天的失利，就不是真正的失败。相反地，如果他失去了再战斗的勇气，那就是真输了！

19 世纪美国的新墨西哥州有一个名叫菲拉斯的女人，她陪伴作为政府驻军的丈夫驻扎在一个靠近沙漠的陆军基地里。因为是驻军，所以丈夫经常要到沙漠里去演习，到那时营房里便只剩下她一个人。在当时的美国，并没有空调和电扇被发明出来，而新墨西哥州又是美国最热的地方，在仙人掌的阴影下也有 50℃。她没有人可以谈天——身边只有墨西哥人和印第安人，而他们都不会说英语。

在这种情况下，菲拉斯感到非常难过，于是她便写信给远方的父母，说要丢开一切回家去。不久，她收到了父亲的回信。信中只有短短的两行字："两个人从牢房的铁窗望出去，一个看到泥土，一个却看到了星星。"

读了父亲的来信，菲拉斯久久不能平静，她心里觉得非常惭愧，于是下定决心要在沙漠中寻找到属于自己的星星。从此以后，菲拉斯开始学着和那些印第安人和墨西哥人交朋友，她对他们的纺织、陶器很感兴趣，他们就把自己最喜欢的纺织品和陶器送给她。菲拉斯还开始研究沙漠中的各种动植物，观看沙漠里的气候变化，还研究海螺壳，这些海螺壳是几万年前当沙漠还是海洋时留下来的……

原来难以忍受的环境变成了令人流连忘返的奇景。菲拉斯为自己的发现兴奋不已，并就此写了一本书，书名为《快乐的城堡》。

沙漠没有改变，恶劣的环境也没有改变，菲拉斯也没有变，改变的只是她的心态。只是意念的转变，使菲拉斯把原先认为恶劣的情况变成了一生中最快乐、最有意义的冒险，菲拉斯终于找到了属于自己的星星。

同一个人，当把悲观变成了乐观之后，就会有截然不同的人生态度，进而看到不同的人生景观。菲拉斯改变了悲观，也就从绝望中看到了希望。

其实，悲观和乐观本就是相互依存的两面，不同之处在于人如何去选择。曾经有这样一个故事：

一架正在飞行的飞机碰到了强气流，机长把消息宣布了出去。这一消息立即引起了所有乘客的恐慌，甚至有人当即落下了泪。但空姐发现，在人群中有一位老妇人非常淡定。当人们开始慢慢平静下来之后，空姐悄悄来到那位老妇人面前，向她询问道："您刚刚怎么一点反应也没有啊？难道您不担心飞机会出事吗？"老妇人笑了笑说："我有两个女儿，大女儿前两年生病去世了，而我这次是要去看我的小女儿。如果飞机没有事的话，那么我会见到我的小女儿；如果飞机出事的话，那么我就可以看到我的大女儿了。无论怎样都可以，我有什么好担心的？"

这位老妇人的豁达心态是我们很多人都不具备的，其实只要豁达，即使人生中出现再令人沮丧的事情，人的心境也不会为悲伤的情绪所困扰。

而且，在很多时候，世间的事情本身并无所谓好坏，全在于当事人怎么看。当我们面对一件事情时，学会保持乐观豁达的心境而避免自寻烦恼显得十分重要。

叔本华说过："人们不受事物影响，却受到对事物看法的影响。"实乃至理名言。生活是一种伟大的艺术，只要你学会生活、学会选择，别让世俗的尘埃蒙蔽了双眼，别让太多的功利给心灵套上沉重的枷锁，你就会发现快乐如同星星般密布在我们身边的每一个角落，几乎随手可拾。

哲人说：生命就如同一艘泛江的小舟，悲观则是舟底的污水。每艘生命之舟都难免有漏隙，但只要水手不断把水抽出去，也就相安无事了。其实人生就是如此，舀水的瓢掌握在你自己手中，是要沉还是要浮，就全在于你自己的选择了。

3. 击败逆境，你就能笑到最后

并非每一个灾难都是祸事，早临的逆境常是幸福。克服的困难不但给了我们教训，并且对我们未来的奋斗有所激励。

——李大钊

逆境是我们每个人都不愿意身处的，但同时又是我们都无法避免的。既然如此，当我们身处逆境中，最好的办法莫过于直面它、战胜它，当一个个逆境被我们战胜，成功也就站在我们的面前了。

张爱玲说过"成名要趁早"，李大钊先生却说"逆境要趁早"。俗话说"穷人的孩子早当家"，越是在成长中遇到逆境的人，就越是会学到坚强，也就越是能够成就一番伟大的事业，李大钊先生本人就是一个很好的例子。

李大钊先生 3 岁时便父母双亡，靠祖父抚养长大，家境的贫寒可想而知。但是，在如此逆境中却让李大钊先生养成了不屈不挠的性格和精神，他立志勤学，3 岁开蒙，7 岁正式入学堂，24 岁考上官派留学生东渡日本，27 岁回国领导新文化运动。

从 28 岁开始，李大钊又走上了共产主义的革命道路，领导学生运动、联合国民党、组织工人罢工，把其一生的精力全都放在了救国上面。终其一生，虽然李先生没有实现他的梦想，但从小养成的坚韧性格却总是让他越挫越勇，"五卅"惨案、"三一八"惨案，任何困难都没有让他动摇自己的志向，终于在他的号召下，中国革命翻开了新篇章。

"逆"这个字是经过简化了的，在中国的古汉语中，"逆"是没有走之旁的，意思是"倒着的人形"，即人处在倒运中。这个逆字形象地表示了人处在困难、不顺利中，甚至是在遭遇很恶劣、很不幸的事情。

人生一世，谁也不可避免地遭遇这样和那样的困难，遭受这样和那样的不幸。关键是我们如何去看待、如何去面对这些困难和不幸，当不幸降临时，我们不能一走了之，而应该迎难而上，最终战胜逆境，成就自己。

海水有潮涨潮落，人生也有高低起伏，我们总是幻想自己的人生能够一直处在高峰，但是却不能如愿以偿，即使是我们想始终拥有平凡的生活也未必能够如愿，也许不知道在哪一天，我们就会跌入人生的低谷。比如，当我们正过着朝九晚五的正常生活的时候，突然查出自己患病；当我们正处在事业辉煌期的时候，一场金融危机让我们的事业化为乌有。在这种情况下，我们的生活必然会一片狼藉。

我们不愿意这样，但是生活就是这般无奈，有时也让我们痛苦不堪。然而，痛苦归痛苦，我们不能因此而自暴自弃，毕竟生活还要继续。只要我们能够挺起胸膛，我们一定还可以从生命的低谷慢慢地爬上山峰。有的时候，突然的逆境也并非是绝对的坏事，它能够让我们警醒，使因生活太好而慢慢慵惰的心重新振作起来。法国有机化学家格林尼亚，就是一个通过逆境成长起来的成功者。

格林尼亚在年少的时候曾走过一段曲折的道路。由于从小家境就非常优裕，再加上父母的溺爱，使得他没有理想、没有志气，整天游荡在社交场合和狐朋狗友混在一起。他花钱如流水，把所有的时间都放在听歌剧、追女孩儿和打猎上面，对什么东西都表现得非常无所谓，毫不知道应该珍惜什么。

终于，在一次大的变故之后，他的父亲破产了，家里变得一贫如洗，见到此情形，昔日的朋友都离他而去了，甚至女友也当众羞辱他。这时，他突然醒悟了，明白了自己的过错，因此他下决心发愤读书，立志把浪费的时间都追回来。9年以后，他研制出格氏试剂，一举成名，并因此获得了诺贝尔化学奖。

上一步可能一帆风顺，但下一步很可能就掉进万丈深渊。我们不能预知未来，我们可以控制的只有自己。一个人如果只能享福而不能吃苦，那么一个小的陷坑就可以让他永远爬不起来。而如果他能够坦然面对困境，那么即使真的掉进了万丈深渊，他还是能够凭借超人的毅力一步一步爬上来。

麦当劳是人们熟悉得不能再熟悉的快餐店。它金黄色的"M"

标志早已遍布了世界上大多数的城市。在地球上，几乎每隔 4 个小时的距离就会出现一处金黄色"M"招牌。但要知道，在麦当劳刚刚创立的时候，它和它的创始人可是没有任何辉煌可言的。

麦当劳的创始人雷蒙德·克罗克，在创业的时候已经 52 岁了。不仅如此，在他创业的时候，正是他人生最悲惨的时候，他刚刚割掉了胆囊，患糖尿病与关节炎，甲状腺还有肿大。就是在这样的逆境中，麦当劳创立了，并一步一步走上了全世界最大连锁快餐店的宝座。

其实，生命中的逆境未必都是上天故意对我们的折磨，在更多时候，逆境恰恰是上天在给予我们成功的机会。当我们过惯了平凡生活的时候，我们也就失去了前进的动力，这个时候，上天让我们陷入人生的低谷，反而能够激发我们的潜能和动力，迫使我们重新振作起来。逆境中重生，这不能不说是一次成功的人生救赎。

伟大的诗人陆游有句诗叫"山重水复疑无路，柳暗花明又一村"。当我们身处于谷底的时候，只要我们站起来、向上走，无论方向如何我们都是在上升。人生就是如此，只要我们不对自己失去信心，不对生活失去信心，那么无论逆境有多恶劣，我们都是一定可以重新开创出崭新的生活的。

4. 你能找到理由难过，也一定能找到理由快乐

所用的培养方法应该能够引起内在快乐的活动；不是因为能够得外来奖励而快乐，而是因为它本身有益健康。

——梁宗岱

有人曾经把人生比作是一场旅程，在路途中有美丽的鲜花，也有刺人的荆棘，但无论是鲜花还是荆棘，都总有过去的时候，因为人生总要不断向前的。对于人生的评价，有些人认为是苦的，因为他们总忘不了荆棘的刺；有些人则认为是甜的，因为他们闻到过花儿的芬芳。旅途中是荆棘多还是鲜花多，我们不能选择，但我们可以选择的是用何种心境走完这趟旅程。

我们经常能够看到一些情绪低落的人，即使他的处境没有多么糟糕，甚至还有些令人羡慕，但他们却总是能够找到令自己难过的理由，这样的人是永远得不到幸福的。相反，我们看到另外的一些人，即使处于困境中，他们仍然能够找到令自己高兴的理由，处涸辙以犹欢，这样的人才是真正睿智的人，这样的人生也才是真正有价值的人生。

林语堂先生是民国时期的著名作家，其文章风格独成一派，被誉为"闲谈散文的集大成者"，盛名享誉世界。如同林先生的文章一样，他本人也具有一个淡雅超然的性格。1944年，抗战最艰苦的时期，林先生寄居重庆，生活条件下滑得厉害。但先生并未因生活的窘迫而蹙眉，仍然全身心投于教学和著书的工作中，并在其中寻找到了别样的乐趣。

林先生曾经就人生的痛苦与快乐发表过自己的看法，在先生看来，无论是痛苦还是快乐，其根源都不在外物，而是在人的内心，并因此提出了一个快乐的人生应该有的八味心境：第一味，爱心。凡事包容，诸事忍让。第二味，虚心。谦虚为人，低调做事。第三味，清心。寻找心灵的平静。第四味，诚心。将心比心，广结善缘。第五味，信心。积极心态的力量。第六味，专心。使人生更有效率。第七味，耐心。机会总在等待中出现。第八味，宽心。学会选择，懂得放弃。

不仅是对于境遇，林先生超然的心境还体现在如何面对他人对自己的非议上面。众所周知，鲁迅先生对林先生是一贯看不起的，但林先生却并未因鲁迅先生的批评而感到愤恨，一次有位记者针对鲁迅先生骂林先生的一篇文章探问林先生的看法时，先生超然地说："鲁迅顾我，我喜相知；鲁迅弃我，我亦无悔。"得之我幸，失之我命，这种超然的心境最终成就了林先生他人不可企及的文学成就。

人生不可以选择，但心境却可以由自己把握。有时候，同样的一件事，只要换了一种心境，所得到的结果就完全不同了。同样是颠沛流离、寄人篱下的生活，却生出一个忧郁的黛玉和一个乐观的湘云，而最终她们的命运也如同她们的心境一般，走向了不同的方向。

曾经有一位在纽约大学做访问学者的女作家，她在纽约街头邂逅了一位卖花的老妇人。这位老妇人衣衫褴褛，面黄肌瘦，一看就是长期处于饥寒交迫的生活状态下。但令她不解的是，老妇人的脸上却洋溢着快乐。

女作家从老妇人的篮子里拿起一束花，对她说："您看起来可真高兴！""我又为什么非要不高兴呢？一切都是那么美好啊！"老太太坚定地回答。

"您对烦恼看得倒是挺开的。"女作家试探性地说。但没想到老太太的回答却仍然令她吃惊："再大的痛苦，它也总会过去的。"

是啊，时光都是容易流逝的，在飞逝而去的时光中，有的人充满遗憾，而有的人则期待着快乐。

有位作家曾经说过：生活像一面镜子，你对它笑，它就对你笑；你对它哭，它就对你哭。人生总会有不如意的事，回顾一下自己所经历的岁月，谁不是一路跌跌撞撞走过来的呢？在生活中，令我们烦恼痛苦的事无处不在，如果我们总把眼睛盯在那些不愉快的事情上，那么心情也会跟着阴暗起来。

一位老太太请了个油漆工到家里来粉刷墙壁。油漆工看到她的丈夫双目失明，顿时流露出怜悯的眼光，因此在和男主人待在一起的时候，油漆工说话都不自觉地谨慎了起来。

但令油漆工没有想到的是，失明的男主人却非常开朗乐观，油漆工在那儿工作几天，他们的谈话也越来越多、越来越投机了。

没过几天，工作结束了，油漆工取出账单，老太太发现比谈妥的价钱打了很大的折扣。她问油漆工："怎么少算了这么多？"油漆工回答："这几天我与你先生在一起很快乐，他对人生的态度，使我觉得自己的境况还不算最坏，所以优惠的那一部分，算是我对他的一点谢意！"

原来，这位油漆工也是一名残疾人，他的左手是假肢，多年来，他都为自己身体的缺憾感到沮丧和失落。但现在，通过失明的男主人，却让他有了另一种心境，他感到自己虽然少了一只手，却拥有一个明亮的世界。

当我们的人生遭遇到不幸时，我们总会不自觉地为惆怅和沮丧的情绪所笼罩。但要知道，无论我们有多惆怅、多沮丧，这都不会对我们的现实有任何帮助。所以，这时我们不如放宽心，给自己一个微笑，为自己创造一个好心境。

"人生如舞台"，这是大文豪莎士比亚说过的一句话。在人生的舞台上，并不是每个人都总能扮演主角，当我们不得不扮演配角甚至反面人物时，我们所能够做到的就是保持一个良好的心境，有了这种心境，就算是配角，我们也一样可以演得多姿多彩。

5. 嫉妒只会让人生之路越走越窄

越是没有任何成就的人，他就越是嫉妒那些有成就的人，而越是嫉妒，他们就越是不可能取得任何成就。

——刘师培

嫉妒几乎是每个人都曾经有过的心理，当发现别人在某些方面超过自己、或者是自己在别人的面前显得低一等时，我们就会产生嫉妒的心理。当嫉妒出现时，我们并不需要自责，因为嫉妒本身是人的一种本能，是一种企图缩小和消除差距、实现原有关系平衡、维持自身生存与发展的一种心理防御反应，因此嫉妒的心理并没有什么值得大惊小怪的。

但是，作为一个成熟的人，却一定要控制嫉妒，不能因嫉妒的心理而产生嫉妒的行为，也不能任由嫉妒心理不断地蔓延，进而影响我们正常的心智。

在《酉阳杂俎·诺皋记上》记载了这样一个著名的"妒妇津"的故事：相传刘伯玉的老婆断氏嫉妒心非常重。当时刘伯玉曾经称赞曹植在《洛神赋》中所写洛神的美丽，但不巧被断氏听到，断氏一听立即妒上心头，恨恨地对刘伯玉说："君何得以水神美而欲轻我？我死，何愁不为水神？"后果真投水自杀。于是后人将她投水的地方称为"妒妇津"，相传凡女子渡此津时均不敢盛妆，否则就会风波大作。

由此可见，嫉妒是一种多么恶劣的情绪，一个心怀嫉妒的妇人，居然可以在不论妒忌的人是否存在的情况下就做出如此鲁莽的事情来，就难怪很多人都把嫉妒归为万恶之首了。但丁的《神曲》里称嫉妒为"七大原罪"之一。莎士比亚叫嫉妒为"绿眼恶魔"，说它是心灵的野草，妨碍一个人健康地发展。

英国著名数学家、哲学家罗素在谈到嫉妒时曾说："嫉妒尽管是一种罪恶，它的作用尽管可怕，但并非完全是一个恶魔。它的一部分是一种英雄式的痛苦表现；人们在黑夜里盲目地摸索，也许走向一个更好的归宿，也许走向死亡与毁灭。要摆脱这种绝望，寻找康庄大道，文明人必须像他已经扩展了他的大脑一样，扩展他的心胸。他必须学会超越自我，在超越自我的过程中，学得像宇宙万物那样逍遥自在。"

在世界音乐史上，有这样两个关于嫉妒的故事，两个人在面临比自己更具有音乐天赋的天才时，一个选择了嫉妒，另一个选择了欣赏，进而造成了截然不同的两个结果。

18世纪，奥地利皇帝的宫廷有一位著名的作曲家，他的名字叫做萨列里。萨列里从小酷爱音乐，梦想成为世界上最伟大的音乐家，事实上他也成功了，凭借刻苦的努力和高超的技艺，他成为了奥地利宫廷的首席乐师，过着衣食无忧的生活，直到一个人的出现。

这个人和萨列里一样刻苦努力、一样着迷于音乐，而且他还有一个萨列里不具备的条件，就是过人的天赋。面对如此的天才，在欣赏之后，萨列里却被嫉妒占据了头脑，他费尽心思想要毁掉这个天才，他羞辱天才的妻子，造谣中伤让天才得不到职位和金钱，他安插密探进驻天才的家中，他逼使天才一步步走向自我毁灭之路，却又对他这个"知音"心存感激。最终，他还将天才的伟大杰作占为己有。

最后天才英年早逝了，而他虽然成功地保住了自己的名声和地位，但却一点也不快乐，对天才的迫害耗费了他太多的心机，让他在随后的音乐之路上一事无成，而对天才的愧疚也长久折磨着他的灵魂，终于，经不住心灵折磨的他向神父坦诚了事情的原委。最后，关于那个天才莫扎特和《安魂曲》的故事被公之于众，而他则因为恶劣的行径，久久为人唾弃。

一个世纪过去了，世界时尚之都巴黎来了这样一位波兰流亡者。这位流亡者酷爱音乐，他找到当时著名的匈牙利钢琴家李斯特，希望他能够给自己一碗饭吃。

当时的李斯特已经是享誉世界的著名音乐家，但当他听到这个流亡者的琴声之后，他震惊了，他为世界上还有如此的天才而惊讶，同时也为自己的"平庸"而叹息。但叹息之余，他想到的却是要把这个流亡的天才介绍给世界。于是李斯特想了一个妙法：那时候在演奏钢琴时，往往要把剧场的灯熄灭，一片黑暗，以便观众能够聚精会神地听演奏。李斯特坐在钢琴面前，当灯一灭，就悄悄地让流亡者来代替自己演奏。观众被美妙的钢琴演奏征服了。演奏完毕，灯亮了，天才肖邦出现了。

在这场演奏之后，肖邦为观众所熟知，并一步步成为世界瞩目的钢琴演奏家，而李斯特也因为他所表现出来的风度为世人久久铭记。

19世纪末，中日甲午战争爆发，到此时中国知识分子才知道，一直被自己看做蛮夷藩属的日本竟然也富强至此了。但那时中国的知识分子普遍有一种成熟的大气魄，他们懂得化嫉妒心理为学习精神，因此甲午战争一结束，中国知识分子界便掀起了向日本学习的狂潮，成群结队的读书人东渡日本，探寻救国图存之道，这群人中就有我们熟悉的孙中山先生、徐锡麟先生、秋瑾女士。这批人学成归来，不是成为各行业改革的先锋，就是成为推翻专制的斗士。

在生活中是没有完美的人的，因此无论我们做得有多好，在这个世界上总还是会遇到比我们更好的人。当更好的人出现时，嫉妒的情绪会悄悄在我们的心中萌芽，这时我们一定要学会控制情绪，不要让嫉妒影响我们的行为，告别嫉妒，我们才能把自己拉回到应该走的道路上来。而一个总是嫉妒他人的人，也就等于放弃自己的道路不走，而非要挤到他人的道路上，最后他们的道路也一定是会越走越窄的。

6. 上天关了你一道门，就会为你打开一扇窗

当失败降临的时候，也是我们最应该感到庆幸的时候，因为我们结束了一条不可能走到尽头的路，从而回到了正确的轨道上来。

——沈兼士

人生是一条一直向前的道路，但在这条道路上，不但会有曲折，还会有很多岔路。有的时候，我们会一不小心偏离大路走进岔路，并在岔路中徘徊不前，这时就需要一个人、一件事、一次挫折或失败来告诉我们此路不通，让我们重新回到正确的道路上来。

有的时候，我们面对失败和挫折会很沮丧，尤其是在已经有成功的先例摆在我们面前的时候，我们就会更加愤恨，慨叹上天为何如此不公平。但真实的情况是，每个人都有属于自己的不同道路，一条适合很多人的道路却未必适合每一个人，因此，有的时候，上天让我们失败恰恰就是想给我们不同于他人的成功。在北大的历史上，就曾经有这样一位被告知"此路不通"而改走他途并最终成功的人。

刘文典，民国时期的文化狂人，其对中国古典文化，尤其是《庄子》的研究可谓独树一帜，被称为有史以来读懂《庄子》的第一人。

刘文典，安徽合肥人，早年在民主革命思想的影响下赴日本留学。1911 年辛亥革命爆发，正处青年的他怀着满腔激情，于 1912 年

回国，在上海于右任、邵力子等主办的《民立报》担任编辑，宣传民主革命思想。1913年再度赴日本，1914年加入中华革命党，并任孙中山秘书。但不幸的是，由于自身性格等原因，在革命的道路上刘文典走得并不顺利，尽管资历深厚，但却总是受人排挤，英雄无用武之处。

在屡次碰壁之后，刘文典对政治终于心灰意冷了，于是他宣布归隐，从此不再参政，转而一心放到研究中国古代文化上来。但令人没想到的是，虽然在政治领域屡战屡败，但在文化领域他却成功地开拓出了一条新的道路。

自1916年以后，刘文典先后任教于北京大学等高等学府，从事古籍校勘及古代文学研究和教学。他讲授的课程，从先秦到两汉，从唐、宋、元、明、清到近现代，从希腊、印度、德国到日本，古今中外，无所不包。高深的学识和桀骜的性格，让他顿时成为北大一景，而他在学术上的地位和对我国教育事业的贡献，也值得后人永远纪念。

上帝关上了我们的一道门，就会为我们打开一扇窗。当我们身处困境、四处碰壁的时候，我们至少停下来想一想，自己是否还要坚持向前撞，是不是有更好的路在等着我们，在另一条路上，我们是否可以迎来更加灿烂的风景。

在人类文学宝库当中，有这样两颗璀璨的明珠，它们的产生都是极其偶然的。这两部名著的作者都是在一条路上被上帝关了门的人，但当他们转投到文学的道路上来时，却取得了令人惊叹的成就。

1900年11月8日，玛格丽特·米切尔出生于美国佐治亚州亚特兰大市，青年的她曾就读于华盛顿神学院、马萨诸塞州的史密斯学院。1922—1926 年间，她就职于当地的一家名为《亚特兰大日报》的报纸，成了一名记者。

在此期间，她还与一名同事组成了自己的家庭，过上了幸福的家庭生活。但厄运却突然降临了，现实婚姻的失败让米切尔身心疲惫，而后在一次采访中，她又遭受到了一场严重的事故，导致腿部重伤，为此她不得不告别记者的岗位每天躺在床上，要靠第二任丈夫约翰的照顾才能生活。

躺在病床上的米切尔沮丧无比，她觉得自己的人生结束了，自己为之奋斗并且深爱的事业就这样抛弃了自己，为此她经常会做出歇斯底里的事情。看着妻子如此痛苦，丈夫约翰终于忍不住了："够了！不过是不能再采访而已，你能做的事情还很多，你不是喜欢写作吗？现在，不正好有时间让你去完成这一梦想吗？你为什么不试着写些什么呢？"

听了丈夫的话，米切尔开始醒悟，从此她的生活中没有了抱怨和沮丧，她把所有的精力全部放在了写作上面。在丈夫的鼓励下，米切尔用 10 年时间完成了她的巨著《飘》。《飘》的出版使米切尔几乎在一夜之间就变成了当时美国文坛的名人，她从一个被命运抛弃了的人变成了亚特兰大人人皆知的"女英雄"。

1848 年的某日，在海关工作的霍桑垂头丧气地回到家里，一屁股坐在沙发上一言不发，呆呆地看着墙壁。

这时妻子走过来向他询问道："亲爱的，你怎么了？"看着妻子关注的双眼，霍桑变得支吾了起来，吞吞吐吐地说："我被解雇了。"说完这话，霍桑低下了头，他不敢去看妻子那双责备和失望的眼神。但出乎他意料的是，他的妻子非但没有任何责怪的意思，反而高兴地叫了起来："太好了！"

霍桑顿时感到无比惊讶，诧异地问："你怎么了"？妻子面带喜色地对他说："我为你高兴啊，因为你不总是想要从事写作而没有时间吗，现在，你终于有时间可以写作了！""那我们靠什么吃饭呢？"霍桑问道。

妻子带着几分神秘乐滋滋地从衣柜里拿出了一个钱包说："我知道你喜欢写作，我敢肯定你有一天完全可以写出一部杰作，所以，我从每周的生活费中留出一些存起来，现在我们可以先用这些钱过一段日子。"

在妻子的鼓励下，霍桑开始了自己的写作之路，并越走越远，终于他创作出了被看做是美国文学史上的最伟大的作品之一的《红字》，并因此享誉世界。

米切尔是被命运拒绝了的人，霍桑也是，但二者却在上天为他们打开的另一条道路上走出了属于他们别样的风采。其实，很多时候，失败不过是上天对我们的考验，上天在让我们栽跟斗的同时，还准备了一个蛋糕在我们的前方，而至于能否把蛋糕拿在手里，那就要看我们是否能够爬起来了。

7. 野百合也有春天

渺小并不可怕，但可怕的是总是沉醉于渺小中无法自拔，这样的人，即使有强大的机会他也是不可能抓住的。

——费明

2004 年，有这样一部法国电影上映了，电影的情节十分简单，制作也略显粗糙，没有悬念也没有大场面，但就是这样一部电影，却获得了当年法国最佳的票房成就，并感动了无数人。这部电影的名字叫做《放牛班的春天》。电影的故事情节很简单：

男主角克莱门特是一个才华横溢的音乐家，不过在 1949 年的法国乡村，他没有施展自己才华的机会，最终成为一间男子寄宿学校的助理教师。

这所学校有一个外号叫"池塘之底"，因为这里的学生大部分都是难缠的问题儿童。到任后，克莱门特发现学校的校长以残暴高压的手段管治这班问题少年，体罚在这里司空见惯，性格沉静的克莱门特尝试用自己的方法改善这种状况，闲时他会创作一些合唱曲，而令他惊奇的是这所寄宿学校竟然没有音乐课，他决定用音乐的方法来打开学生们封闭的心灵。

在经过几番和学生的较量之后，克莱门特终于用他的善良和诚意打动了学生们，他组建了合唱团并因此让学生们学会了团结、合作、守秩序和如何体面地生活。虽然在故事的最后，克莱门特被卑鄙的校长赶出了学校，但在他的努力下，孩子们找到了自信，并走

131

出了像皮埃尔·莫朗琦这样伟大的音乐家。

这部电影里没有美女、暴力，也没有动作、凶杀和商业元素，但它却成为2004年度法国人的心灵鸡汤，感动了整个法国和全世界。这部电影为人们带来了一个信念，只要不甘堕落，只要相信自己，只要坚持下去，即使处在最恶劣的环境当中，我们一样可以创造出美丽的奇迹来。

罗大佑有首歌的名字叫《野百合也有春天》，在这首歌中有一句歌词这样唱道：就算你留恋开放在水中娇艳的水仙，别忘了寂寞的山谷的角落里野百合也有春天。我们不知道罗大佑写这首歌词时的心境，但相信很多人，尤其是那些身处困境的人，当听到这首歌的时候，都会有一种奋发的情绪涌上心头。

在生活中，有很多人都会纠结于自己的渺小，这种渺小可能来自于很多方面，家庭、出身、财富、长相、健康等。因为这些因素，他们非常不自信，不相信自己有改变的能力，进而产生自暴自弃的想法，殊不知，这世上并没有所谓的高大与渺小，一个人的强大与否是要他自己来衡量的，只要对自己有信心，那么渺小的人一样可以变得高大的。

在1986年的平安夜，一位年轻人正漫无目的地徘徊在维也纳的街头，他低垂着脑袋，脚步缓慢、形单影只，显得十分落魄。

慢慢地，他走到了一家商店门前，感觉到有些冷的他打算进去暖暖身子，谁知刚一进门商店的老板就被他大衣上别着的一枚徽章所吸引住了。

"请问，这枚徽章有什么特殊的含义吗？"老板问道。"当然，我是一个志愿者，这是我们的徽章。"年轻人说，转而叹了口气，"我是个英国人，开的小店倒闭了，为了不让时间白白浪费，就来到这里参加一个公益活动。最近，我们正在准备为纳粹集中营的生还者建一座纪念碑。"

"年轻人，好样的！"商店老板夸奖道，然后转过身，拿出一本淡绿色封面的笔记本，"年轻人，给我签个名可以吗？"年轻人觉得很诧异，但他没有拒绝。他漫不经心地翻开笔记本，随即就惊叫起来："这不是穆勒吗？欧洲最伟大的球星！""哇，天哪，连施密特总理都给您签了名！"

"嗯，收集名人签名是我最大的爱好。"商店老板笑着回答。

"可我并不是名人啊，"年轻人不解地说，"您为什么还要让我签名呢？""是不是名人无所谓，关键是要做有意义的事。"商店老板说，"在事业处于低谷时你没有消沉，还做了一名志愿者，这非常难得。来，你就把名字签在这一页吧！"

年轻人犹豫了一下，刚拿起笔，又停下了："这不是特蕾莎嬷嬷吗？我怎么配和她的名字签在一起呢？"商店老板指着特蕾莎的签名说："特蕾莎嬷嬷告诉过我，对待别人时，不要让别人觉得渺小；对待自己也一样，永远也不要觉得自己渺小。"

听了老板的话，年轻人默默地签下了自己的名字——凯文·霍尔，等他离开商店的时候，他的眼眶已经噙满了泪水，他下定决心从此以后再也不看轻自己。

多年以后，他成功了，他成了世界知名的企业顾问，他所创立的全球一体化咨询公司曾为包括微软、可口可乐、诺基亚等商业巨头在内的公司提供过咨询服务，而他的成功经历也被全世界的人们所分享。

人生有的时候就是这么有趣，当连你自己都看轻自己的时候，任何人都不可能眷顾你；而当你振作起来，不再因自己的渺小而自暴自弃的时候，成功也就会站在你的面前。

由于先天的因素，人与人自然是不一样的，这就像野百合之于玫瑰，一个是自然界最普遍、最"廉价"的花朵，一个是人手中最高贵的爱的象征，但是无论是廉价还是高贵，它们的春天却是一样的。上帝不会因为玫瑰高贵就让它四季如春，也不会因为野百合渺小就克扣它的绽放。

不可能每一个人都是玫瑰，也许我们天生就是野百合，但如果能够自信一点，在和风细雨中享受自然带给我们的美好，我们也一样可以开出美丽的花朵，这样的话，我们又何必去羡慕温室里的玫瑰呢？

第6章
沉得住气，弯得下腰，抬得起头

面对百味人生，面对人情冷暖，我们需要隐藏的是不平之气、消沉之心、躁动之性和致远之志；需要张扬的是自信、勇气、愈挫愈勇和百折不挠。一句话：沉得低，才能跳得远；沉住气，才能成大器。

1. 沉住气成大器

任何事情在没有完全成功之前，一定要沉住气，坚持到最后一刻。一定要相信自己的实力，不要被别人的谣言所动摇，开始怀疑自己，给自己成功的大道上设障。

——李彦宏

从古至今，沉着都被誉为是成大事者所必备的气质。泰山崩于前而色不变，想想这是何等的气势，有这种气势的人，想不成事也难。

明末大儒吕新吾曾经说："安重深沉是第一美质，定天下之大难者此人也，任天下之大事者此人也。"因此我们可见沉着在古人心中的地位。

我们知道，凡是成就大的事业，就一定要有过人的才能，但光有才能还不够，还要懂得发挥，纸上谈兵也是才能，但发挥不到实际是一点用处也没有的。才能是人的内在素质，而外部的环境总是风云变幻的，如何在风云变幻的环境中还能保持一种良好的心态，让才能得到正常的发挥，这就需要绝对的沉着了。

三国时期的诸葛亮和东晋时期的谢安是两位著名的贤相，关于他们的很多故事我们耳熟能详，两人身上有很多共同点，这些共同点也是保证两人能够成就一番事业的内在因素，而在这些共同点中，沉着就是其中最重要的一个。

《三国演义》中有一段关于草船借箭的描写，把诸葛亮的沉着冷静与足智多谋刻画得淋漓尽致。吴国大都督周瑜意图设计陷害诸葛亮，没想到诸葛亮却欣然"入瓮"。三天时间准备十万支箭，这是绝不可能办到的事，但诸葛亮不但应承了下来，还表现得极为淡定，三天时间全部用在喝酒取乐上面，直到最后一天晚上，才用草船从曹营"借"了十万支箭来，直把一旁的鲁肃惊得目瞪口呆。

前秦和东晋的淝水之战中，面对以弱敌强的形势和危如累卵的国事，谢安却和友人在书房安然地下着围棋，似乎并没有把这危急的状况放在心里。面对前方的战报，他竟一眼不看，直到一盘棋结束，他才慢悠悠说了一句"小儿辈遂已破敌"，其性格的沉着可见一斑。

沉着可以保证头脑冷静，而头脑冷静是做出正确判断的前提，所以办大事者必须沉着。其实不仅仅是办大事，在遇到大的风险、要解决重要的问题时，更需要沉着的头脑来应对。

还是谢安的故事。

当谢安年轻时，有一次他和几个朋友雇了一条船出去玩儿。船开到一半，忽然天气变了，风起浪涌，他的朋友们都张皇失措，嚷着说："回去吧，太危险了！"但一边的谢安却不答腔，自顾自地昂头吟诗、低头喝酒，好像事情都没有发生一样。看到谢安这样，大家也不好说什么，于是安静了下来。

没过多久，江上的风越来越急，水浪扑打着小船摇摇晃晃。大家更加害怕了，坐立不安地在船上走来走去。船身更加不稳，摇摇摆摆，好像随时可能翻船。大伙儿的心慌意乱使得船夫也心神不宁，连桨也拿不稳。

看到此情形，谢安大声说："像你们这个样子，大家一辈子都别想回去了。"大家这才了解现在是危险的时候，必须镇定下来，于是，一个个不再多嘴饶舌，安安静静回到座位上。船夫也定下心来，沉着地控制着船桨，凭着经验与风浪搏斗，终于把船安全地驶了回来。

沉着似乎是危机的克星，只要沉着一出现，危机立即就会败下阵来。而且在我们身处危机无法脱身的时候，沉着的心态至少可以保证我们不会给自己带来太大的心理负担，进而慢慢将危机熬过去。

在"文革"期间，梁漱溟先生的文化和学术遭到过恶劣的诋毁，但先生却能够泰然处之。有人问先生："难道不为自己感到委屈、为自己学术的陨灭感到悲痛吗?"

先生淡定地回答道："所有的字画、简牍、图书都烧毁了。这些都是身外之物，没有什么。不过，思想是销毁不了的!"

"思想是销毁不了的!"多么淡定，多么沉着! 梁漱溟先生的精神值得我们后人不断地学习。

谁都有遇到坎坷的时候，在厄运到来时，我们感觉命运已经抛弃了自己，但其实，我们还是有选择的，我们还有选择自己生活态度的可能。当面对打击而沮丧时，要告诉自己"沉着一点"，让命运看到我们坚强和超然的一面，相信只要我们沉着地应对它，它总是会向我们低头的。

2. 谁说北大才子不能卖猪肉

不要在乎选择哪条道路，关键是要坚持走下去。只要走的比别人久，就能走出别人所不能的距离，走得比别人更远，你就能看到别人看不到的风景。

——俞敏洪

2008 年前后，北大才子陈生在广州抄起屠刀当屠夫的新闻一度传遍大江南北，并引发了人们对是否浪费人才的大讨论。北大是全国最著名的高等学府，也是为社会培育精英的摇篮，因此在看到陈生卖肉的新闻之后，不少人都不免发出了"浪费人才"的声音，有些人对陈生的选择感到可惜，有些人则提出了自己的质疑。当时有人说他这是炒作，想要靠这个吸引人家眼球罢了；也有人说他卖猪肉成功的同时，让一大批没有受过多少教育的卖猪肉的小贩又少了很多生意，而且猪肉也不是什么稀罕东西，他从事这种工作，即使成功了，也没有什么值得敬佩的；甚至还有人抱着看热闹的心态，赌他能坚持多久。

这汹涌而来的质疑给陈生带来的心理压力可想而知，但是他并没有在这片质疑声中退却，而是选择了坚持。质疑的声音让他越来越顽强，更加确定要把自己的猪肉事业做出一番新天地来。现在事情过去几年了，让我们看一看陈生的成果：他在广州开设了近 100 家猪肉连锁店，营业额达到 2 个亿，被人称为广州"猪肉大王"。

在人们的潜意识中，进入好的大学，头上便有了道耀眼的光环，从北大毕业后，肯定是将来的社会精英。所以当陈生选择以卖肉为工作时，质疑声自然会甚嚣尘上。对于这些质疑，陈生能够怎么应对呢？他的行为告诉了我们，就是忽略它们，保持一颗谦卑的心，努力把工作做好。

我们评价一个人时，总是把他的经历和才能框定在一个范围之内，当他做出了超出我们框定的范围的事的时候，我们就会非议。但其实成熟的人应该懂得，无论是人还是事都是没有天然的框架的，有才能的人可以做一些平凡的事，这没有什么大惊小怪的，我们不仅应该用这种心态去看待他人，同样，在面对自己的时候我们也应该保持这种心态。

实际上，很多人能够成功，正是因为能够放低姿态，认识到自己没有什么了不起的；而本来具有很好的天赋或才能的人，却最终成为命运的输家，原因就是因为他们总放不下自己的架子，总认为自己有多么了不起，不屑于从基础的工作做起。

曾经有一位博士生，在他刚拿到博士学位半年时间内，始终找不到工作。半年后，他发现了自己的问题所在，他每次找工作，都强调自己是博士生，擅长企业战略策划，要求做战略策划总监，而事实上他并没有多少实践工作经验，更无成功案例。于是，他决定从基层工作做起。

他先是把自己的中学毕业证书拿出来，到一家公司应聘打字员，结果马上找到了工作。打字，在任何一个企业都只能算是小事，学历稍微高一点的人都不屑于去做。然而，这位博士生却做得非常认真，经他的手打印的文字材料非常漂亮，尤其难得的是，他对一些重要文案提出的修改意见得到了公司老板的高度赞赏。经过这样的积累，他日后也有了大的作为。

工作是没有贵贱之分的，有的只是成功者与失败者。对于所有行业的成功者来说，他们的身上大多都具有陈生一样的沉稳而谦卑的性格，他们能够放下自己的架子，完全不理会所谓的"身份"，低头做自己的事，最终获得了成功。

想做出一番事业，首先就要把自己投身到事业当中去，而一旦进入了工作领域，无论你有多么显赫的历史、多么优异的成绩，你在工作面前都只是一个新人，必须放低姿态去适应它、征服它，一个总是自认为很了不起的人是一个永远不可能成熟的人，他们也是永远不可能取得事业上的成功的。

3. 克制也是一种美

在较量中，情绪激动的一方必居于劣势。

——周国平

《中庸》里面有句话是这样说的："喜怒哀乐之未发，谓之中；发而皆中节，谓之和。中也者，天下之大本也；和也者，天下之达到也。"

喜、怒、哀、乐是人的四种不同情绪，面对不同的问题、身处不同的境遇，人的情绪就会在这四者之间不断转换。喜乐当然是每个人都希望保持的，但哀怒却也总会"不受欢迎"地袭上我们的心头。但无论是哀怒还是喜乐，一个真正成熟了的人不会让情绪影响到自己的行为，这就是《中庸》里面所说的中节，用个更通俗的词语就是克制。

克制是一种修养、一种境界、一种为人处世的哲学。人尤其是立志要做一番事业的人，他的一生不知道要经历多少困难和失败，也不知道要面对多少他人的诋毁和误解，如果他不能很好地控制自己的情绪，总是让行为被情绪所控制，他投入到事业上的精力就会减少，其结果也就可想而知了。因此但凡我们看到的那些有突出成就的人，他们对自己情绪的掌控能力也肯定是突出的。

曾任北大校长的蔡元培先生就是这样的一个人。先生幼年就学，学问深厚，曾考中过前清的进士，入翰林院。甲午战争后先生又投身于改革，加入了同盟会。经历过大风大雨的先生可谓是见多识广，因此也就养成了克制情绪的良好习惯。据后来的北大同学回忆，在北大，权威最高的蔡先生却是最为谦和的。

在 1919 年"五四"运动中，一向反对学生参加政治运动的先生只身挡在校门口，阻止学生出校，却被学生推倒在一旁。先生是年51 岁，受此大辱之后却不以为意，在北洋政府逮捕了罢课学生之后，先生却是第一个出面营救的人，甚至不惜以辞职来抗争。蔡先生难道不愤怒学生们对自己的行为吗？当然不可能，但先生能够克制自己的情绪，进而做出正确的选择——挽救学生，正是因为这样，先生成为北大历史上最出色、最有才能的校长，并一直为后世的北大人所敬仰。

克制是一种意志、一种历练，是一种节制的美、忍耐的美。大凡有所作为、获取更大成功的人，一定是有克制之美的人。一个克制力强的人，也往往是生活的强者和自己命运的主宰者。他们因克制而保有坚强的意志，不断抵御和放弃各种诱人的欲望；因克制而能做到处事沉稳，泰然自若，刚直不阿，淡泊名利；也因克制，而能有效化解意想不到和纷至沓来的纷扰和纠葛、挑战和考验。从而以优雅的姿态蹚过岁月之河，以从容的步履走过人生之路。可以说，正是克制让我们不断收获人生的每一个季节。

汉高祖刘邦在位时，曾经和匈奴进行了一场战争，可是却以失败告终，落了个白登之围的屈辱，只能与匈奴和亲。刘邦去世后，汉惠帝刘盈即位，吕后掌握大权，匈奴人的气焰更加嚣张。这一天，匈奴遣使给吕后送来一封书信，信中这样写道："孤偾之君，生于沮泽之中，长于平野牛马之域，数至边境，愿游中国。陛下独立，孤偾独居。两主不乐，无以自虞，愿以所有，易其所无。"意思就是说，他自己是一个寂寞的君王，而吕后的丈夫也去世了，两人正好可以在一起。这是对吕后的公然侮辱，吕后一向性格刚烈，岂能忍受这样的屈辱，于是她立刻召集陈平、樊哙、季布等人，商议要杀了使者，然后发兵进攻匈奴。

但是那个时候，汉朝元气还没有恢复，根本不是匈奴的对手。季布对吕后说："夷狄譬如禽兽，得其善言不足喜，恶言不足怒也。"也就是说，匈奴人就像禽兽一样，听见他们说好话也不值得高兴，听见他们说坏话也不值得动怒。吕后自然明白季布是在劝自己不要因一时的愤怒而做出错误的决断。吕后也是一个深明政治、军事的人，她之所以提议要与匈奴作战，也不过是出于一时的愤怒，此时情绪已然平复，自然就打消了与匈奴作战的念头。

于是吕后回信一封，据说信的内容是这样的：单于不忘我们这个小地方，赐下信件，我们举国上下，莫不诚惶诚恐！单于雄伟，正在盛年，老妾本应亲身前往侍奉。可惜年逾七十，色衰神弱，发齿尽脱，行步蹒跚，见单于岂不羞惭。谨献上后宫美女三十名，锦帛十万匹，御用精米八十万斛，精酿宫酒百石，敬请大单于笑纳。

一个高高在上掌握着生杀大权的人，能够在受到屈辱之后控制住自己的情绪，正说明吕后是一个不一般的人，这也是她能够在刘邦死后掌管大汉天下的重要原因。

情绪是对现实的一种反映，因此，如果我们的行为被情绪所控制，那么就等于我们向现实妥协了，而一个总是向现实妥协的人，是不可能战胜现实取得成功的。因此，学会克制吧，当你能够随意地控制自己的情绪的时候，那么你就成了一个难以战胜的人。

4. 心急吃不了热豆腐

同是读书人，读同类的书，只讲数量，十八岁的不会比八十岁的读得多。这不成问题，所以刚上大学不必为不如老教授读书多而着急。应当问的是：自己究竟超过了那位八十岁的老人在十八岁时的情况没有？若是超过了或大致相等，就可放心；若是还不如，那就该着急了。

——金克木

不知道从什么时候开始，我们变得越来越焦急，越来越没有耐心，无论办什么事儿，我们总看到有人把效率、速度什么的词挂在嘴边上。走在大街上我们也总能够看到类似于"七天帮你……""三个月保你……"之类的广告，一夜之间我们的生活似乎都被彻底地提速了。

这种现象的出现说穿了就是一种走捷径的心理。这种心理让我们觉得凡事都有更简便、更速成的捷径可走，因此让我们将精力更多地放到对捷径的寻找而不是点滴的努力上面。但真实的情况是，这个世界上根本就是没有捷径的，捷径很可能不是一堵撞不倒的墙就是一个深不见底的坑，须知心急吃不了热豆腐。

《道德经》里面有句话："合抱之木，生于毫末；九层之台，起于累土；千里之行，始于足下。"想要做成一件事情，尤其是一件大事，绝不是一朝一夕可以成功的。耐心和积累永远是成就事业的不二法门，如果你想要在十天内就盖出一栋百尺高楼，那么你这栋楼肯定矗立不了多久。

成功是每个人都想获得的，但又是很少人能获得的。在获得成功的道路上，不仅有荆棘和坎坷，还有着考验人耐性的漫长和孤寂。在漫长而孤寂的路上，有耐心一步步走到终点的人，最终会获得成功。而那些失败者，并非因为他们不够顽强，也并非因为他们不够睿智，而是他们缺乏走下去的耐心，当他们在等待一段时间，却依然没能等到成功的到来时，他们往往会选择放弃，"半途而废"这个词就这样出现了。

"铁杵磨针""水滴石穿""跬步千里"都告诉我们耐心对成功的重要性。其实，在更多的时候，一个人能否成功并不在于他有多大的能力，而在于他能够坚持多久。

古代有个叫养由基的人，精于射箭，且有百步穿杨的本领。据说连动物都知晓他的本领。一次，两个猴子抱着柱子，爬上爬下，玩得很开心。楚王张弓搭箭要去射它们，猴子毫不慌张，还对人做鬼脸，仍旧蹦跳自如。这时，养由基走过来，接过了楚王的弓箭，于是，猴子便哭叫着抱在一块，害怕得发起抖来。

有一个人很仰慕养由基的射术，决心要拜养由基为师，经几次三番的请求，养由基终于同意了。收他为徒后，养由基交给他一根很细的针，要他放在离眼睛几尺远的地方，整天盯着看针眼。看了两三天，这个学生有点疑惑，问老师说："我是来学射箭的，老师为什么要我干这莫名其妙的事，什么时候教我学射术呀？"

养由基说："这就是在学射术，你继续看吧。"这个学生开始还好，能继续下去，可过了几天，他便有些烦了。他心想：我是来学射术的，看针眼能看出什么来呢？这个老师不会是敷衍我吧？

养由基教他练臂力的办法，让他一天到晚在掌上平端一块石头，伸直手臂。这样做很苦，那个徒弟又想不通了，他想：我只学他的射术，他让我端这石头做什么？于是很不服气，不愿再练。养由基看他不行，就由他去了。后来这个人又跟别的老师学艺，但最终没有学到射术，一事无成。

一块热豆腐刚刚出锅，你想要吃，就只能等着它变凉，否则就会烫得满嘴大泡。成功的果实在一年的距离之外，但你却要在一天内到达，那只能是累死在旅途中。无论做什么事，立竿见影都是可望而不可即的，急于求成说到底还是一个心态的问题。保持平和的心态，目光放长远一点，不计一时之得失，脚踏实地地一步步向前，只要不怕慢，理想中的彼岸是一定可以到达的。

太史公司马迁写《史记》用了18个春秋，班固写《汉书》用了20多年，著名的画家达·芬奇学习画画的时候，只是画鸡蛋就画了3年；爱迪生为了发明电灯，在实验室里进行了无数次的试验……

我们总是习惯着眼于那些成功人士眼前的鲜花和掌声，却没注意到他们曾经为之付出的努力。

宝剑锋从磨砺出，不经历风雨，怎能见彩虹？如果你想要取得成功，那么首先就要能够在成功之前，多一份耐心、一份坚持和守候。

5. 满桶水不响，半桶水叮当

伟大的人是绝不会滥用他们的优点的，他们看出他们超过别人的地方，并且意识到这一点，然而绝不会因此就不谦虚。他们的过人之处越多，他们越认识到他们的不足。

——傅鹰

闽南有句民谣是这样唱的："满水的瓶儿敲啊敲不响，半水的瓶儿响啊响叮当。"这个童谣是来自一个真实的生活现象，但如果我们足够留心的话，就会发觉，其实不仅仅是瓶，在人当中也广泛存在着这种"满瓶不响半瓶响"的现象。

北大前校长马寅初先生是位著名的经济学者，早在 20 世纪 30 年代他就已经享誉世界了。在抗日战争及国共内战期间，先生不顾个人安危，挺身而出，仗义执言，猛烈抨击反动、腐败的国民党政府，大胆揭露巧取豪夺、穷奢极侈的四大家族。为此他遭到反动当局的残酷迫害，抗战期间甚至被幽禁在贵州多年。

中华人民共和国成立后，1951 年经政务院任命，马先生被选为北大校长。马先生在得知这一任命之后，即刻动身北上。当时的北大同学也奔走相告，欣喜万分，大家商定一定要给马先生一个热烈隆重的欢迎仪式。但出人意料的是，马先生人没到，电话就先到了，在电话中马先生极力要求大家将欢迎的仪式精简，最后先生甚至提出连礼堂都不要进，就在广场上搭一张桌子作为主席台，拉一条横幅就行了。

听到这一消息，北大学生自然是一百个不愿意，但先生执拗的性格起了作用，最后欢迎仪式就是在如此简陋的环境下召开的。事后当照片洗出来给没有参加仪式的人看时，竟没有一个人相信这是在欢迎北大校长就职。

无论从学识、人格、名望还是功绩，马先生都担得起一个盛大的欢迎仪式，但他却拒绝了，这是出于一个知识分子的风骨，也是出于一个学问大家的自信。

其实，半瓶水响个不停正是出于不自信，他们想通过自己的响声来掩盖自己内心的空虚，殊不知，他们越是响就让人越是能够看清他到底有"多少料"。而那些"真有料"的高手大家，因为自信反倒不希望以此来引人注意，越是有才能的人，就越是谦虚。

曾经有这样一个故事：

在希腊，有人问哲学家苏格拉底："您是天下最有学问的人，那么您能告诉我天与地之间的高度是多少吗？""三尺！"苏格拉底毫不迟疑地回答。

那人笑了："先生，除了婴儿之外，我们每个人都有五六尺高，如果天与地之间只有三尺，那不是把苍穹都戳破了？"苏格拉底也笑了："是啊，凡是高度超过三尺的人，如果想立于天地之间，就要懂得低下头来。"

"不声不响"与"低头"有着异曲同工之妙，它们都是一种谦逊的姿态。放低自己的位置，以此来避免他人太多的关注，也避免给自己的内心增加骄傲、自满的负担，从而能够把更多的精力放到有用的地方去。

被称为美国人之父的富兰克林，从小聪明勤奋，智力超群，这样的孩子难免会有点骄傲。当然一个只知道骄傲自满的人是不可能像富兰克林那样取得卓越的功绩，获得广大美国人民爱戴的。

富兰克林成年后一直以谦虚谨慎著称，谦虚是他给自己定下的众多生活准则中的一条。那么，是什么事情让富兰克林产生这样大的改变呢？

那时富兰克林刚刚大学毕业，正是血气方刚、充满傲气的年龄。有一天父亲让他去自己的一位老朋友家看看，并且告诉他，那位朋友会教给他一个终生受用的真理。富兰克林听父亲这样说，就高兴地答应了。

他兴冲冲地来到父亲的那位老朋友家，他看到前辈家的房门敞开着，那位前辈正坐在客厅中的沙发上等他。于是富兰克林赶紧加快步伐，向门内走去。就在进门的一刹那，他的头"砰"的一声，狠狠地撞在了门框上，脑门疼得他几乎掉下泪来。他用手捂住头，抬头看看那扇比正常标准矮一点的门。

长辈坐在椅子上，并没有起身迎接他，而是微笑地看了他一会儿，然后说："很痛是吗？孩子，这就是今天我要教给你的真理，它会让你一生受用不尽。那就是你时时刻刻都要记住：一个人要想平安无事地活在世上，就必须学会'低头'，懂得什么时候需要'低头'。千万不要忘记了。"

富兰克林在以后的生活中，牢牢地记住了那位前辈的教导，并把它列入自己的生活准则之中。

一个人是否成熟的标志，就是要看他怎么对待自己的才能，是挂在嘴上还是拿在手上。挂在嘴上的人，即使有才能也很容易让人产生厌恶；而拿在手上的人，虽然平时不引人注意，但关键时刻却可以给他人带来"意外"的惊喜。

在我们的周围，都有着这样两种人存在。只要我们和他们相处的时间足够长，我们就知道在关键的时刻应该相信哪种人，我们也能够判断哪种人才能真正取得事业上的成功。

6. 尊贵不因曾经的卑微而打折扣

作为肉身的人，人并无高低贵贱之分。惟有作为灵魂的人，由于内心世界的巨大差异，人才分出了高贵和平庸，乃至高贵和卑鄙。

——周国平（毕业于北大中文系，作家）

蝴蝶在破茧而出之前是丑陋的毛毛虫，参天大树也是由低矮的幼苗长成的，在自然界中，美丽、高大无一不是以最初的丑陋、幼小作为起点的。但只要它们获得了成功，那丑陋瞬间就被美丽的翅膀所掩盖了，在耸峙的大树下人们也将忘记它昨日的柔弱。自然是如此，人也是如此。

人间有尊贵，就自然有卑微，而那些让人瞩目的高贵又无一不是从卑微中来。因此我们说卑微并不可怕，可怕的是没有战胜卑微成就高贵的心，一个人只要决心告别卑微，那他就一定会做成一番事业，而最终，当他变得高贵的时候，他之前的卑微也就更显出他努力的美了，就像之前狂风骤雨的洗礼只为衬托彩虹的美丽一样。

北大老教授、国学大师、史学大师钱穆先生就是一个从卑微走向高贵的人。钱先生是江苏无锡人，少年时曾读过私塾，但不久就因为家贫辍学了，后来通过自学略有小成，任教于家乡的中小学，成了一名教书先生。

在民国时期，由于对知识分子的重视，中小学教师的待遇也是非常优厚的，因此钱先生的生活还算安稳，但一心想成大器的先生却不满足于这样的生活，他一边刻苦地继续学习，一边想方设法在报刊上发表一些文章。但因为没有受到过良好的教育，他的文章从来不为人所重视，学术观点也从来没有人关心，但先生并不气馁，十年如一日，继续为自己的梦想努力。在苦熬了多年之后，先生终于完成了一部巨著《先秦诸子系年》，并因此书为学界所重视，先后被聘入北京大学等著名学府，从而登上了中国文化的最高殿堂。

如果我们仔细观察，我们就可以看到，无论是历史还是现代社会，总有些人的境遇像钱穆先生一样，因为先天的条件或者后天的意外，他们没有受到过良好的教育，没有一个殷实的家庭，甚至没有一个健康的体魄，但他们并不因为自己相对卑微就自暴自弃，反而让卑微的现实成为他们前进的动力，最终他们成功地站在了那些并不卑微的人也站不到的高度。

亚伯拉罕·林肯被认为是美国历史上最伟大的总统之一，但很多人不知道的是，林肯却也是美国历史上出身最贫寒的总统。

在19世纪中期的美国，由于种族和财富问题还很尖锐，因此作为国家权力的象征，总统多是由出身于大富大贵之家的人担任，因此在林肯总统当选的那一刻，整个参议院的议员都感到无比的尴尬，因为林肯的父亲只是个鞋匠。

照例，总统要到两院发表一次演说，在林肯刚一站上演讲台的时候，下边就立即站起来一位态度傲慢的参议员，大声地嚷嚷道："林肯先生，在你开始演说之前，我希望你记住，你是一个鞋匠的儿子。"

听到这个议员的话，其他所有的议员都哄笑了起来，为自己虽然不能打败他却能羞辱他而开怀。

但林肯却不以为意，他静静地等待大家笑声停止，然后缓缓地说："我非常感谢你使我想起了我的父亲，他已经过世了，我一定会记住你的忠告，我永远是鞋匠的儿子，我知道我做总统永远无法像我父亲做鞋匠做得那么好。"

参议院陷入一片静默，林肯转头对那个傲慢的参议员说："就我所知，我父亲以前也为你家人做过鞋子。如果你的鞋子不合脚，我可以帮你改正它，虽然我不是伟大的鞋匠，但是我从小跟随我父亲学会了做鞋子的技术。"

然后他对所有的参议员说："对参议院的任何人都一样，如果你们穿的那双鞋子是我父亲做的，而它需要修理，我一定尽可能帮忙。但是我有一件事是可以确定的，我无法像我父亲那样伟大，他的手艺是无人能比的。"说到这里，林肯流下了眼泪，所有的嘲笑声全部化成了赞叹的掌声。

人的卑微和高贵并不体现在外物上，而是体现在人的内心。一个具有高贵内心并相信自己的人，即使上苍给了他一片贫瘠的土地，他也能种出美丽的玫瑰来。因此，当我们觉得自己无比卑微时，想一想林肯总统，学习一下他的情怀和强大的内心，虽然我们每个人不可能都获得和他一样的成就，但只要下决心告别卑微，就没有理由不能战胜命运。

一滴水、一条小河有了奔腾曲折的历程，体验了暴风骤雨、扬帆破浪的辛酸甘苦，最后汇入大海，衬出无尽苍穹的一片透蓝光辉，展现出一种水去云舒的美景。当我们驻足在河边用手捧起一些水把它泼到地上，在炎炎的烈日下，用不了一会儿它就消失得无影无踪了，这时我们说它是卑微的。可当我们站在海边，看着那日夜不休、波涛汹涌的海水，感受大海的博大与壮阔，它却又显得无比高贵了。我们的人生就像这大海一样，虽然来自于微小的水滴，但只要不懈拼搏、勇往直前，是终将会成大器的。

7. 很多人不是跌倒在缺陷上，而是跌倒在优势上

老是把自己当做珍珠，就时时有被埋没的痛苦，把自己当做泥土吧！让众人把你踩成一条道路。

——鲁藜

咱们中国有句古话叫做"聪明反被聪明误"，这句话的意思就是说，一个少年天才，聪慧绝伦，本来有很远大的前途，但太过执迷自己的聪明才智，最终落得个一事无成的下场。在生活中，我们到处都能够看到类似这样的例子，本来相对于别人，他已经很有优势了，但他却并未把优势转化成结果，反而被优势所累，最终反倒不如一开始处于劣势的那些人。

韩愈说过一句话，叫做"业精于勤荒于嬉，行成于思毁于随"。这句话告诉我们，一个人光有天赋还不够，还要耐得住性子、沉得下心，要不然是不会取得任何成就的。有的时候，我们

不能够取得成功，并非是因为我们没有天分，反而是因为太有天分了，进而对自己的天分太过自信，忽视了努力的重要性，最后栽倒在天分上面。

曾经有这样一个寓言故事：

有一个村镇来了两个比丘，他们来到镇上的客栈中各自就餐。在他们就餐的时候，外面的天渐渐地阴了下来，刮起了大风，大风刮来了大片乌云，一场大雨眼看就要来临。

这两个互不相识的比丘，就在这样的时刻，在各自的桌子前填饱自己的肚子。他们挂单的寺庙，虽说不是同一处，但路程相差无几。看天色不对，一个比丘匆忙扒了几口饭，赶紧叫来老板结账，他不敢多停留一分钟，大步流星地朝挂单的寺庙赶去，风越来越大，他甚至裹紧袈裟开始小跑了起来。

而此时，坐在他对面的另一个比丘则显得从容多了，天色大变也没能阻碍他的吃喝，直到把桌上的饭菜吃得一干二净，才慢悠悠地站起身来，踱出客栈。为何第二个比丘这样沉着呢？因为他随身带了雨伞。

可是，在第二个比丘刚刚走出客栈还没走几步时，天就下起了雨来。"不怕的，我有雨伞。"比丘想，他撑开雨伞，继续向前走。然而，没料到的是，这场雨非同一般，来势迅猛。随着狂风大作，大雨也汹涌而至，风疾雨大，他的雨伞怎么也不能保护他了，身上很快便被打湿，而且，更糟糕的是，雨伞在两次被吹翻过去之后，断了三根伞骨，再也撑不起来。他只好光头淋雨，在泥泞的道上艰难地走着。等到寺庙的时候，他完全成了一只"落汤鸡"。而先前那个比丘，却在大雨之前赶到了寺庙，一滴雨也没有淋到。

带伞的挨雨淋，是因为他有着可以凭借的优势，少了本该有的忧患，而没带伞的因为没有什么可以凭借，只有事事谨慎小心，因此才选择先跑了回去。由此我们看到，很多人其实并不是输在自己的劣势上面，而恰恰是输在自己的优势上。

曾经一位名叫吉布森的澳洲爬行动物研究专家在一个池沼进行考察，在考察的过程中他发现了一条死鳄鱼。他发现这条鳄鱼身上缠着紧紧的树藤，很显然，它是被这些树藤活活勒死的。对于这一发现吉布森感到很奇怪，进而起了想要弄明白此事的念头，于是他选择在此地留守。功夫不负有心人，过了几天，他终于亲眼见证了同样的一幕，并因此找到了答案。

一头鳄鱼在捕食水鸟时，一口咬到了树藤，但鳄鱼以为自己咬到了鸟，在撕扯不动时，它便使出了自己的看家本领——翻滚术。在水里不停地翻滚，想把树藤拉裂撕断，没想到树藤韧性极佳，于是长长的树藤随着鳄鱼的翻滚将它越缠越紧，最后终于动弹不得，就此丢了性命。

由于研究的需要，吉布森有时也要想方设法将鳄鱼拖上岸来，这是一件费力又危险的事。这次偶然的发现让他想出了一个安全捕捉鳄鱼的妙法：利用一根穿着鱼钩的丝线来捕捉鳄鱼。鳄鱼一旦被鱼钩挂上就很难脱身，情急之下就会使出最厉害的"无敌翻滚术"，它的身子很快便被丝线缠住了，越滚丝线将它缠得越紧，最后无法动弹，乖乖就擒。翻滚术是鳄鱼的看家本领，而吉布森却正是利用鳄鱼这看家的本领轻易地把它置于困境中。

有优势本来是好事，但如果执迷于优势而忘了如何利用优势，那么不就是把好事变成了坏事吗？美国乡间有句谚语说："天使能够飞翔，是因为把自己看得很轻。"因此，对于有优势的你来说，还是把自己的优势看轻一些吧，该如何就如何，这样在无形之中优势才能够发挥它的作用。

第 7 章

接纳和认识自己

接纳自己意味着知道自己的处境，知道自己需要什么、想要什么，知道自己暂时能做什么、不能做什么。接纳自己意味着看到自己的不完善，遇事不急、不慌乱，对自己有信心，并且有足够的耐心，可以在现实中做出努力。

1. 不管怎么努力，你都无法逃避成为自己

生命最重要的目的就是接纳自我，并让自我开花。

——俞敏洪

人的内心都有一种比较的情结，当一个比我们优秀的人出现在我们周围的时候，我们总是下意识产生"如果我是他该有多好啊"的心理，进而会被一些自暴自弃的情绪占据心头。如果是心态好的人，这种情绪会很快就过去或者会转化为向他人学习的动力，而如果是心态不够好的人，则难免会有种想要逃避自己的念头。

其实，无论是失败者还是成功者，大多都出现过这种排斥自己羡慕别人的心理，不同的是成功者知道如何处理，而失败者则任由它影响自己的心绪。那么当我们出现自我排斥的心理时，我们应该如何做呢？说简单一点，就是要接纳自己。

我们每个人都为自己构想过一种未来，但现实却往往并不如我们所愿。在这种情况下，我们所能做的就是接受现实，不管自己现在的状况是什么样子，不管现在的生活有多么不如意，我们都要接受。就如同我们在自己家的院子里盖一栋房子，却总想着要按照邻居的图纸来设计，而从不考虑自己的地基、建筑面积等情况，那么最终你的房子是肯定盖不起来的，至少是盖不理想的。

因为各种原因，我们每个人都是不同的。别人的生活我们虽然羡慕，但那毕竟不可能成为我们的。因此，我们要做的就是接受现

实做好自己。而一个能够接受现实做好自己的人，最终他所取得的成绩往往又是非常可观的。

有这样一个有趣的人，他一生都活在两面的世界里，一面是他的现实，而另一面是他对理想生活的追求。

这个人一面的生活是：天生哮喘，神经衰弱，夜里经常被失眠折磨，因此白天经常疲惫不堪。由于病患的折磨让他对很多东西都有恐惧症，比如大海，比如高楼。神经的脆弱也让他很没有耐心，因此他成了牛津大学的肄业生，他做什么事情都总是失败，他曾经认为自己是个天才，但测试的结果让他失望，他的智商只有96。

而他生活的另一面是：他一生都在冒险，大学没读完他就跑到巴黎当厨师，当厨师的过程中他看到卖厨具很挣钱，于是改行卖厨具，接着他又到了美国好莱坞做调查员，随后又做了间谍、农民和广告大师。他最信奉的一句话就是："只要比竞争对手活得长，你就赢了。"他活了88岁。他依靠6000美元建立起全球最大的广告公司之一，年营业额达数十亿美元。

这个人，就是世界著名广告公司——奥美广告公司的创始人大卫·奥格威。曾经有人问他："难道没有意识到自己是多么不适合创业吗？"奥格威的回答是："正是因为我认识到了自己的情况有多么糟糕，才更要拼命去完成我自己想做的事情，我总不能和上帝说'哦，天啊，你赶快给我换一个身躯'吧！"

奥格威先生是明智的，因为他意识到了自己的窘境。同时他也是强大的，因为他在意识到了自己的窘境之后依然没有放弃自己。

接纳自己就应该像奥格威先生一样，看到自己的不完善，明白自己的处境，但并不因此沮丧，也不愤怒，而是对自己有足够的信心和耐心，相信通过努力能够改变自己的命运。一个身处困境的人通过接纳自己，能够重新掌握自己的命运；而一个自身条件优越的人，如果不能正确认识自己、对自己没有足够信心的话，就会与命运的眷顾失之交臂。

古希腊的哲学家苏格拉底有一位得力的助手，多年来一直兢兢业业地陪在他的身旁，为他整理文稿、安排行程，对于这个助手，苏格拉底非常喜欢，就想收他为徒。一天，他把助手叫到自己床前说："我的蜡所剩不多了，得找另一根蜡接着点下去，你明白我的意思吗？"

"明白。"那位助手赶忙说，"您的思想光辉是得很好地传承下去……"

"是的，我需要一位最优秀的承传者，不过他不仅要有过人的智慧，还要有充分的自信，这样的人选直到目前我还没有找到，你能帮我去寻找一位吗？"苏格拉底说。

"好的。"助手尊重地说，"我一定竭尽全力地去寻找，以不辜负您的信任。"

那位忠诚的助手，不辞辛劳地通过各种渠道开始四处寻找了。可当他把一位又一位青年才俊带到苏格拉底面前时，却一一被苏格拉底谢绝了。终于有一次，当助手再次无功而返地回到苏格拉底病床前时，病入膏肓的苏格拉底硬撑着坐起来，抚着那位助手的肩膀说："真是辛苦你了，不过，你找来的那些人，其实还不如你。"

"我一定会更加努力地寻找的！"助手坚定地说道，"找遍希腊各地我也要把最优秀的人选给您找出来。"听了这话，苏格拉底看着他苦笑了一下，便没有再说话了。

半年之后，苏格拉底眼看着就要告别人世了，可是最优秀的人才还是没有找到。助手无比惭愧，沮丧地来到苏格拉底的病床前，自责地说道："我让您失望了，真是太对不起您了！"

"我的确很失望，但对不起的却应该是你自己。"苏格拉底说到这里，很失意地闭上眼睛，停顿了许久，才又不无遗憾地说，"本来，最优秀的就是你自己，只是你不敢相信自己，才把自己给忽略了，给丢失了。其实，每个人都是最优秀的，差别就在于如何认识自己，如何发掘和重用自己……"话还没说完，一代哲人离开世界，只留下目瞪口呆的助手在床前懊悔。

接纳别人需要勇气，接纳自己更是如此。自我接纳是一个人健康成长、不断发展的前提。一个人如果不接纳自己，连自己都不敢相信的话，那他只能得到和苏格拉底的助手一样的结果，让自己陷入无限的懊悔当中。

2. 知人者智，自知者明

我只是一个科学家，即使年轻 20 岁，也不可能成为企业家和 CEO，更不可能成为企业领袖，因为我不懂经营，对财务一窍不通，也不擅长管理，与企业家差距甚远。

——王选

《论语》里面有这样一段，孔子问子贡："你和颜回哪一个的学识更强呢？"子贡回答道："老师，我怎么敢和颜回相比啊？他能够以一知十；我听到一件事，只能知道两件事而已。"孔子听完微笑着对子贡说："你还是有自知之明的啊！"

"人贵有自知之明"，一个人有多大的才能不重要，关键是要选择能够和自己才能相匹配的工作，而这就需要对自己的才能有充分的认识。一个有自知之明的人，才是一个最踏实的人。

苏格拉底说过："诚实地向他人展示自己，是勇敢的；诚实地向自己展示自己，是强大的。"而自知，就是要通过知道自己、了解自己，最终向自己展示一个真的自己。

人要了解自己、认识自己，自知是做人的最起码要求。有了自知，一个人才能为自己所处的环境有一个准确的把握，才能知道自己的工作能力、学识水平、社会关系、家庭、社会背景等处在一个什么样的状况下。面对自己的现实情况，来把握自己的人生旅途，人才能得到自信，才能充分发挥自己的聪明才智，生活才能充实。

我们在中学的时候都学过一篇古文《邹忌讽齐王纳谏》，其中就有一段关于自知之明的描写非常引人注意。

邹忌与同住在一城的徐公都是齐国有名的美男子。一天清晨，邹忌穿好衣服、戴好帽子，大步走到镜子面前仔细端详全身的装束和自己的模样。他觉得自己长得的确与众不同，于是随口问妻子："你看，我跟城北的徐公比起来，谁更漂亮？"

他的妻子回答："您长得多漂亮啊，那徐先生怎么能跟您比呢？"邹忌有点不相信，因为住在城北的徐公是大家公认的美男子，自己恐怕还比不上他，所以他又问他的妾："我和城北徐公相比，谁漂亮呢？"他的妾连忙说："大人您比徐先生漂亮多了，他哪能和大人相比呢？"

第二天，有位客人来访，就顺便又问客人："您看我和城北徐公相比，谁漂亮？"客人毫不犹豫地说："徐先生比不上您，您比他漂亮多了。"邹忌如此做了三次调查，大家一致认为他比徐公漂亮。可是邹忌是个有头脑的人，并没有就此沾沾自喜，认为自己真的比徐公漂亮。

　　过了一天，城北徐公到邹忌家拜访。邹忌第一眼就被徐公那器宇轩昂、光彩照人的形象怔住了。他偷偷从镜子里面看看自己，再调过头来瞧瞧徐公，更觉得自己长得比徐公差。到了晚上，邹忌躺在床上，心里反复地思考这件事。既然自己长得不如徐公，为什么妻、妾和那个客人却都说自己比徐公漂亮呢？想到最后，他总算找到了问题的结论："原来这些人都是在恭维我啊！妻子说我美，是因为爱我；妾说我美，是因为怕我；客人说我美，是因为有求于我。看起来，我是受了身边人的恭维赞扬而认不清真正的自我了。"

　　人是社会动物，因此只要是人就难免会有一点功利心，会在乎别人对自己的看法。而由于种种原因，别人所提出的看法却未必都是真实的，在这种情况下，我们如果还总是用别人的坐标系来确定自己的位置，那么就会因此迷失了方向。

　　一个真正成熟的人并不意味着他不在乎别人的眼光，而是在征求别人对自己评价之前，他先能够对自己有一个清醒的认识，进而以别人对自己的看法做补充，查漏补缺，有则改之，无则加勉。只有这样做，他能够保证一路沿着自己的人生之路顺利地前行。

　　人贵有自知之明，就是要正确对待自己，分析自己，看清楚自己，把自己摆正放平。这样在时运不济的时候，我们才不至于怨恨；在一帆风顺的时候，我们才不至于骄纵。而一个胜不骄、败不馁的人，最终必然是一个能够成就大事业的人。

3. 扬长避短，靠自己的优势成功

我最适宜的工作就是教书，别的事情不会做。在任何国家教书都是很苦的，我从不考虑这个问题。

——陈岱孙

《史记》中有这样一段有趣的记载：

汉高祖刘邦曾经和大将韩信讨论各位将领的才能，说到大将者的才能各有高下时，刘邦借机问韩信道："像我自己，能带多少士兵？"

韩信想也不想就回答说："陛下不过能带十万人。"

刘邦接着问："那么你又能带多少人呢？"

韩信回答："像我，越多越好。"

刘邦听后有些不高兴，讥讽地问道："统率的士兵越多越好，那么将军你为什么却被我捉住呢？"

韩信不慌不忙地回答说："陛下不善于带兵，但善于统领将领，这就是韩信我被陛下捉住的原因了。而且陛下的能力是天生的，不是人们努力所能达到的。"

每个人都有自己的特长，也都有自己的缺点，一个人能否获得成功，关键就在于他能否用自己的长处掩盖自己的短处。刘邦的成功和项羽的失败都是源自于此。

对于一个人来说，扬长避短是办事的前提，而这个前提的前提则是对自己的长处和短处的清醒认识。20 世纪 20 年代，北大的校长是大名鼎鼎的蔡元培先生，先生学富五车、德高望重，但唯独不善于处理行政关系，尤其是在藏龙卧虎的北大，如何处理教授、学生和学校这三者之间的关系真是着实让先生头疼。但好在先生能够认识到自己在此方面的不足，对于这一缺点，先生做出了两项弥补：首先是采取兼容并包的态度管理教学，当然这一思想后来被灌进了北大的灵魂，成了举世皆知的校训；其次，先生将日常主要的行政事务交给了副校长胡适先生，由此将自己从本就不擅长的领域脱离出来，而胡适先生长袖善舞，处理起行政关系来游刃有余，因此也才成就了北大历史上的第一个黄金发展阶段，而两位校长共同治校从此也成了一段佳话。

富兰克林曾说："宝贝放错了地方就成了废物。"他说的就是扬长避短的道理。一个人如果能够清醒地认识自己，那就等于给自己的人生增加了一个宝箱，而做到扬长避短则是打开宝箱的钥匙。经营自己的长处，会不断给你的人生增值加分，而经营自己的短处则只会使你迷失在失败的泥沼里。因此我们可以看到，但凡是取得了成功的智者，他们都极力地发挥自己的长处，尽量不去尝试自己不擅长的工作，以免"一世英名毁于一旦"。

从《三国演义》到《雍正王朝》再到《长征》，唐国强在观众心目中的分量越来越重。凭借在《长征》中的出色表演，唐国强得到了"美菱杯"观众最喜爱的中央电视台黄金时间电视剧演员金奖，使他的演艺事业达到了又一个顶峰。

《孔雀公主》中那位英俊多情的王子曾给唐国强带去了一顶"奶油小生"的帽子。回想往事，唐国强说自己当时很委屈，因为之前他曾一气扮演了四个军人，以至于要拍《孔雀公主》时，人们不相信他能演好其中的王子，说他身上"兵"气太重。不料演完后却得了一个"奶油小生"的称号，当时真的很苦恼，觉得无所适从。

1984年后，唐国强沉静了一段时间，他一边上学一边用很多时间来思索，也许因为演戏需要更多的是一种感性的东西，他感觉自己经常处于一种漂浮状态中。

能在有着一百多万张选票的"美菱杯"中夺得金奖，被广大观众所喜爱，唐国强在高兴之余头脑却很清醒。他说，被观众熟悉喜爱也不全是好事，因为观众接受了你的一个角色后，要想改变就不容易了。当年自己演诸葛亮之前，就是一片反对声，后来要演雍正时也不被人认同，《雍正王朝》播出后反响不错，但要演毛泽东时又特别不被看好。因此，每接一个新角色时都得有一股闯劲，像闯关一样，闯过去了便突破了旧的模式，有了一番新天地。

有观众问唐国强有没有信心演好《贫嘴张大民的幸福生活》中的张大民，他毫不犹豫地回答自己演不了，并说还有一些角色也演不好，比如说鲁智深等。因为每个演员由于外形、气质等天生的原因，都有一定的局限性，虽然大家都在尝试突破自己，但不是任何角色都能够胜任，聪明的演员懂得去扬长避短。

清朝诗人顾嗣协曾有这样一句诗："骏马能历险，耕田不如牛。"世间没有完全无用的人，就如同世间没有完美的人一样，关键在于他是否能够合理调配自己的能力，把自己最突出的能力用到最该用的地方。田忌赛马我们都知道，田忌的马不如齐王的马，但懂得扬己之长攻齐王之短，最后不是一样取得成功了吗？

因此，当你总是为自己的失败而怨天尤人的时候，先冷静下来想一想，自己了解自己的才能和缺点吗？自己是不是正在干展露缺点、隐藏优点的蠢事？如果是的，自己是否有能力改变一下这种状况？尺有所短，寸有所长，这世上没有走不通的路，只有选错的路。

4. 不能认识自我的人，肯定要迷失在人生的道路上

真正的成功者，是要从正确的自我认识和自我批评中成长起来的。只有充分地认识到了自己，才可能经得起生活的考验，不会掉入妄自尊大的陷阱。

——张中行

有人说过，人对自己的认识总像在照哈哈镜，不是过大就是过小，总是不能真实反映自己。如果我们足够留意周围的人，就可以明白这句话所言不假，在我们身边的人不是自视过高就是自怨自艾，很少有能够正确认识自己的。正因为如此，正确认识自己才显得尤为珍贵和重要。

涉水过河我们要知道自己有多高，不然的话就会被水淹没；提物担担我们要知道自己有多大力量，不然的话就会拉伤双臂。那么同样地，行走在人生的旅途上，我们也要对自己的才智能力了然于胸，这样才不至于让自己陷入到能力之外的困境中，势成骑虎。

刘师培是民国时期著名的国学大家，但很少有人知道，在年轻的时候，他也是一位醉心于推翻清王朝的革命者。刘师培早年受王无生的影响，到上海与章太炎、蔡元培、谢无量等一起参加反清革命，并经章太炎先生介绍参加了中国同盟会。但是，在东京的岁月中，刘师培逐渐意识到了革命的残酷，同时也因为过不惯艰苦的生活，终于背弃了革命。

在变节之后，刘师培虽然过上了衣食无忧的生活，却时常为理想的丧失而苦闷。终于辛亥革命到来了，作为革命叛徒，刘师培被捕入狱。在狱中，刘反省了自己多年来的所作所为，终于意识到，政治并非自己所擅长的，因此下决心从此告别政坛，将所有精力全部放在对国学的传承和发扬上面。离开了政治的刘师培虽然没有了往日显赫的地位，但却逐渐成了民国历史上不可多得的国学大师。

人贵有自知之明，《庄子》里面有句话叫"知人者智，自知者明"。对于一个人来说，最难的不是正确判断别人，而是正确认识自己。这就是别人的脸上如果有米粒我们能够一目了然，但自己脸上的米粒却是很难察觉的。

我们常常看到有些人喜欢去和别人攀比，想要人家有而自己不曾有的东西，看到别人做什么自己也跟着学，这都是不能认识自己的结果。一个不能认识自己的人，其内心也往往是不自信的，因此极易陷入跟从别人的境地，进而搅乱自己本来正确的步伐。

伊索寓言里面有这样一个故事：

某天清晨，一只山羊在栅栏外徘徊，它很想吃栅栏内的卷心菜，可是却进不去。这时，它低头看到了自己在地上的影子，因为太阳是斜照的缘故，影子被拖得老长老长。

"我如此高大，一定能吃到树上的果子，不吃这卷心菜又有什么关系呢？"山羊对自己说。于是它奔向很远处的一片果园。还没到达果园，就已经到了中午了，这时太阳已经升上了中天，阳光照在山羊的头上，让山羊的影子变成了很小的一团。

"唉，我这样矮小，是吃不到树上的果子的，还是回去吃卷心菜吧。"它对自己说，过了片刻它又十分自信地说，"凭我这身材，钻进栅栏是没有问题的。"于是，它又往回奔跑。跑到栅栏外时，太阳已经偏西，它的影子重新变得老长老长。

"我干吗回来呢？"山羊很惊讶，"凭我这么高大的个子，吃树上的果子是一点也不费劲的！"山羊又返了回去，就这样直到黑夜来临，山羊仍旧饿着肚子。

在现实中，我们经常能够看到类似山羊这样的人，这就是因为他们不能正确认识自己的缘故。

有一个自以为是的名校毕业生，在毕业以后他多次碰壁，一直找不到理想的工作，为此他觉得自己怀才不遇，对社会充满愤怒，但同时他又无可奈何，因此非常沮丧和伤心。终于，在总是找不到人生的伯乐之后，他来到了海边，打算就此结束自己的生命。

在他正要自杀的时候，正好有一个老者从他身边走过。这位老者在知道他是要自杀之后就问他为什么要走绝路，他把自己得不到社会的承认，没有人欣赏并且重用他的情况告诉了老者。

老者静静地听完他的抱怨之后，默默地从脚下的沙滩上捡起一粒沙子，让他看了看，然后就随便地扔在了地上，对他说："请你把我刚才扔在地上的那粒沙子捡起来。""这根本不可能！"毕业生说。老者没有说话，接着又从自己的口袋里掏出一颗晶莹剔透的珍珠，也是随便地扔在了地上，然后对他说："你能不能把这颗珍珠捡起来呢？""这当然可以。""那你就应该明白是为什么了吧？你应该知道，现在你还不是一颗珍珠，所以你还不能苛求别人立即承认你。如果要别人承认，那你就要由沙子变成一颗珍珠才行。"

山鸡不会羡慕翱翔的雄鹰而学飞，野猫也不会羡慕飞驰的猎豹而挑战羚羊，这都是因为它们知道自己有"几斤几两"，人生的痛苦更多是来自于我们低估或者高估自己的能力，不能正确认识自己。因此，从现在开始，诚实地面对自己并挖掘自己吧，只要能够认识自己，你就可以从人生的歧途上把自己解脱出来，走上原本属于你的道路。

5. 不知道自己缺点的人，一辈子都不会想要改善

若真要评判一个人的成绩，那么应该看他们今天比昨天长进了多少，从前的缺点补正了没有，从前未发展的能力和兴趣现在发展了没有。总而言之现在比从前是否进步。这才是评判人有没有成绩的真问题。

——胡适

对于一个人来说，他人生的最大的失败是不知道自己有缺点，而最危险的是知道了自己的缺点还要坚持已有的缺点。缺点是每个人都有的，这并不可怕，可怕的是不能够正视它，而一个不能够正视缺点的人，是永远也不会想改正缺点的。

首先从修身来讲，人的一生是一个不断的自我完善的过程，而自我完善的前提就是发现自己身上的缺点。俗话说"对症下药"，只有知道了自己身上的缺点，我们才好做出相应的改正，也才能超越自己，实现理想。

肖恩·姬莲娜是美国宾夕法尼亚州的一个普通的小女孩，但在

她的身上却发生了一个不普通的故事。

"我知道自己从小就是个胆小鬼，几乎从不参加任何体育活动，因为我害怕受伤，因此一到有体育活动的时候我就悄悄躲在一旁，找各种借口逃避。我也从来不敢站在高处，因此我编造了自己有恐高症的谎言，每当需要上电梯的时候我都装作呕吐或者昏倒，总之就是尽一切办法逃避。"姬莲娜说。但是现在的姬莲娜却完全不是这样，她不但没有任何胆怯的表现，甚至还参加了美国业余跳伞挑战赛，并获得了优胜奖。

"事情的转变是这样的，我参加了一个拓展活动。在活动中心，负责我的拓展老师告诉我应该转变对自我的认识，先承认自己是个胆小鬼，承认对运动和对高空的恐惧。一开始我很排斥，但渐渐地，我被她说服了，我听从了她的建议，开始对他人承认我的胆怯。而在他人的鄙夷和鼓励之中，我开始尝试挑战自己的胆量，我把自己想象为有勇气的高空跳伞者，并且战战兢兢地跳了一回伞，结果朋友们对我的看法变了，从此，他们都认为我是一个精力充沛、喜欢冒险的人。"

"其实，我内心仍认为自己是胆小鬼，只不过比从前有了一个进步，就是我敢于承认自己的胆小、面对自己的胆怯了。后来，又有一次高空跳伞的机会，我就视之为改变自己的好机会，心里也从'想冒险'向敢冒险转变。当飞机上升到15000米的高度时，我发现那些从未跳过伞的同伴们的样子很有趣。他们一个个都极力使自己镇定下来，故作高兴地控制内心的恐惧。我心想：以前我就是这样子吧！刹那间，我觉得自己变了。我第一个跳出机舱，从那一刻起，我觉得自己成了另外一个人。"

任何事情都有正反两面，缺点也是如此，对于力求完美的我们来说，有缺点固然不是好事，但改正缺点却给了我们一个战胜自我、挑战自我的机会，当缺点改正了，我们也就创造了全新的自我。而这一切的前提就是，我们要首先清楚并承认自己的缺点，不能对它视而不见甚至是回避。

法国著名诗人拉罗什福科说过：我们唯一不会改正的缺点是逃避自己。逃避自己的人是懦弱的，要战胜命运首先要战胜自己，而一个连自己的缺点都不敢正视的人，他们还有什么理由抱怨命运对自己的残酷。因此，把自己向外的镜子翻转过来吧，先照一照自己身上的缺点，看清楚，改正它，这样出现在他人面前的你才会是一个完美的你。

6. 要经常反省自己

教育者的个性、思想信念及其精神生活的财富是一种能激发每个受教育者检点自己、反省自己和控制自己的力量。

——陶行知

论语里面有句话："吾日三省吾身，为人谋而不忠乎？与朋友交而不信乎？传不习乎？"这句话是孔子的弟子同时也是一位伟大的思想家曾子说的。曾子的这句话就是要告诉我们，作为一个明智的人时常做到反省自己。

在伦理学领域有一个名词叫做"自我完善"，而自我完善的前提就是自我反省。俗话说"人非圣贤，孰能无过"，行走在社会上，我们每个人都会犯错，不同的是有的人把错误当成机会，完善自己；而有的人则逃避错误，好了伤疤忘了疼，结果一错再错。前者是一个能成大事者的做法，而后者则是一个不能够自省的人的行为。

这是圣贤的修身功夫，我们大概很难做到。而且，越来越忙碌的生活留给我们思考的时间也越来越少了，但每日小省、时常大省却是必要的，它是让人成熟、使人完善、令人顺利进取必不可少的法宝。

犯错不要紧，因为人人都会犯错，无人可以避免。但是，在犯错之后，一定要及时地反省和改正。不反省不会知道自己的缺点和过失，不悔悟就无从改进。因此，要把反省自己当成一种习惯，使自己成熟、积极向上。

著名作家李奥·巴斯卡利，写了大量关于爱与人际关系方面的书籍，对很多人的生活起到了指点作用。据他的自传回忆说，自己之所以能够取得如此卓越的成就，完全要归功于幼年时期父亲对他的教诲。

巴斯卡利回忆，每当晚饭过后，父亲就会问他："李奥，你今天学了些什么？"这时李奥就会把在学校学到的东西原原本本地告诉父亲。如果实在没什么好说的，他就会跑进书房拿出百科全书学一点东西，然后再向父亲汇报所学到的知识，父亲赞同后李奥才能上床睡觉。这个习惯一直到今天还维持着，每天晚上李奥就会拿 10 年前父亲问他的那句话来问自己，若当天没学到什么东西，绝对不会上床休息的。这个习惯时时激励他不断地吸取新的知识，产生新的思想，促使他不断进步。

自我反省使一个普通的少年成长为了一个伟大的作家，而不善于自我反省却可以让一个神童变得泯然众人矣。伤仲永的故事我们都听过，即使再有天赋，如果不能时刻反省自己的错误，那最后也只能是将天赋白白浪费。

每个人都会有缺点，这个世界上，十全十美的人是不存在的。有些人面对自己的缺点，总是想办法遮掩，害怕别人笑话。其实，这样做反而会使人感到虚伪，不真实，也就没有人愿意与你交往。正确的思维是坦然面对自己的缺点，不有意掩饰，敢于挑战自我，承认缺点，并努力改正，这样就会赢得大家的尊敬。

有的缺点是小节，对于成长、处世没有大碍；而有的缺点，则会延及大节，若不及早改正，不痛加摒弃，则会遗害终生。因此，要想自己的人生过得充实、有价值、有意义，我们就要时刻正视自身的缺点，在自省的同时悦纳批评，并不时由衷地改正自身的缺点。

张秋白和李华两个人闲来无事，在屋子里聊天。张秋白对李华说："有个和我一起共事的人，名字叫做蔡勇国，他的脾气可暴躁了，动不动就发火，发起脾气来可不得了，又拍桌子又摔东西，还会打人呢！我们平时都很怕他，不敢和他争执。"

李华说："真的吗？果真有这样脾气火暴的人？"两人正说着，蔡勇国正巧从屋外经过，窗子是开着的，张秋白的话全都清清楚楚地传到他耳朵里了。

蔡勇国顿时大发雷霆，面红耳赤，脖子上的青筋一根根地凸出来。他大步跑到屋门口，气势汹汹地使劲一踹，把门踢开，见了张秋白，不由分说就是重重一拳。张秋白被打得踉跄着退了好几步，一屁股坐在地上，血从他的鼻子里慢慢流了下来。蔡勇国还觉得不解恨，又过去骑在他身上，抬起拳头打个不停。

李华见状，赶忙过去劝解。费尽九牛二虎之力，终于把蔡勇国拉开，问他说："你为什么要打秋白呢？"蔡勇国气呼呼地回答："我哪有性子暴躁的毛病，又什么时候乱发过脾气呢？他这样诬蔑我，我当然要好好教训教训他！"李华说道："你现在这样做不正是性子暴躁、喜欢发火的表现吗？秋白并没有说错啊！"

人难免有错，有了缺点其实不应该忌讳别人说，有则改之，无则加勉，这样才能不断完善自己。若是一味地对自己的错误视而不见，只怕会更加迷失自我，再也找不到回归纯真自我的路了。如果一个人能认识到自己的缺点，注意改正自己的毛病，不断地修正自己，你才会到达成功的彼岸。

反省是砥砺自我人品的最好磨石，是自我认识水平进步的动力。反省是对自我言行进行客观的评价，认识自我存在的问题，修正偏离的行进航线。

7. 将自卑转化为进取的动力

见了艾森豪威尔，心理上把他看成是大兵，与肯尼迪晤谈时，心想他不过是一个花花公子、一个有钱的小开而已。

——叶公超

自卑是很多人都曾经有过的，尤其是当我们身处困境中看那些成功、幸福的人时，自卑感就会占据我们的心头。自卑固然不是一件好事，但对于一个坚强的人来说，他却可以利用自卑为自己提供进取的动力，变坏事为好事。

瑞士学者、分析心理学之父荣格曾经说过：自卑可以成为人前进的动力。荣格认为，自卑主要是来自于人内心的自尊，对于一个善于自我调节的人来说，自卑和它背后的自尊是可以激发他内心赶超别人的心理，进而促使他产生更强的拼搏劲头。

北大教授叶公超是我国近代著名的书法家和外交家，他出生在官宦人家，16岁时即赴美留学。良好的家庭背景让叶公超本来就具有极强的自尊，但到了美国之后，看到白种人对黄种人尤其是中国人的歧视，让他的心理产生了极大的落差，自卑情绪顿时布满心头，变得非常沮丧。但这种沮丧并没有维持多长时间，因为他觉得，别人越是看不起自己、自己越是比别人差就越应该通过努力改变这一切。渐渐地他心中的自卑逐渐被学习动力代替，白人同学努力一分他就努力十分，通过没日没夜的刻苦努力，叶公超积累了扎实的文化功底，并逐渐为同学所认可。

相传叶公超有一次在美国公开演讲，不看讲稿便出口成章，演讲完毕，三四百位听众起立鼓掌，历数分钟不息。在场的多位美国教授都赞许他的英语是"王者英语"，声调和姿态简直可以和英国首相丘吉尔相媲美。

其实人的潜力是无穷的，唯一能够抑制人潜力的发挥的就是人的内心。一个自卑的人如果总是躺在"不如别人"的泥潭里不敢起身，那即便有再大的潜力也将会随时间的消逝而流失，而如果他能够战胜自卑，成功地站起来，那谁又敢保证他不能走上辉煌的旅程呢？

在早先的美国，黑人是被普遍歧视的，但是我们看到，有些黑人却成功地摒弃了自卑，战胜自己的内心，进而取得很多白人都很难望其项背的成就。

一位黑人母亲带女儿到商场买衣服。一个白人店员挡住女儿，不让她进试衣间试衣，还傲慢地说："这个试衣间只有白人才能用，你们只能去储藏室里一间专供黑人用的试衣间。"可母亲根本不理睬，她对店员说："我女儿今天如果不能进这间试衣间，我就换一家店购衣！"女店员为留住生意，只好让她们进了这间试衣间。

有一次，女儿在一家店里摸了摸帽子而受到白人店员的训斥，这位母亲再次挺身而出："请不要这样对我的女儿说话。"然后，她对女儿说："康蒂，你现在把这店里的每一顶你喜欢的帽子都试一下吧。"女儿快乐地按母亲的吩咐真把每顶自己喜欢的帽子都试了一遍，那个女店员只能站在一旁干瞪眼。

面对生活中的各种歧视和不公，母亲对女儿说："记住，孩子，这一切都会改变的。这种不公正不是你的错，你的肤色和你的家庭是你不可分割的一部分。这无法改变也没有什么不对。要改变自己低下的社会地位，只有做得比别人更好，你才会有机会。"

从那一刻起，不卑不屈成了女儿受用一生的财富。后来，她荣登福布斯杂志 2004 年全世界最有权势女人的宝座，她就是美国前国务卿赖斯。

赖斯国务卿、鲍威尔将军，还有贝拉克·奥巴马总统，他们都是黑人，但他们却用自己的努力战胜了肤色的差异，取得了成功。

犹太人中最受欢迎的哲学家迈蒙尼德说过："那些总是认为自己能力有限的人，最终的结果也会如他们所想的那样——一事无成"。人的命运本就是千差万别的，我们的生活不可能一帆风顺，无论是伤痛烦恼还是失败挫折，这都是我们必须经历的。在这些恶劣的因素面前，我们产生自卑的情绪很正常，但千万不要停留在自卑中不肯出来，而要满怀信心迎接生活的挑战，这样定能战胜自我，走出自卑的泥潭。

当自卑情绪产生时，要适时控制自己的矛盾情绪，追问自己真正的需要是什么？是否有必要一定要完成不可能完成的事？为了实现自己的追求需要做些什么？自己的优点和长处在哪里？该怎样发挥优势去扬长避短？这是荣格教导自卑者的，也是一个有远大志向但又处于自卑情绪当中的人所必须做到的。

第8章

你比自己想象的要优秀

　　人们常常埋怨才华无法施展，其实，由于缺乏信心和勇气、自卑、懒惰、安于现状、不思进取，自我埋没的现象也是相当普遍的。如果我们能多给自己一点刺激，多一点信心、勇气、干劲，多一分胆略和毅力，就有可能使自己身上处于休眠状态的潜能发挥出来，创造出连自己也吃惊的成就来。

1. 最糟糕的不是输的人，而是一开始就不想赢的人

如果我们相信自己能够做成事情，并且从心底里相信，我们通常就能够做成事情。

——俞敏洪

在 2004 年雅典奥运会女子乒乓球单打决赛中，中国选手张怡宁以 4∶0 的大比分轻松战胜朝鲜选手金香美，为中国代表团拿下一枚宝贵的金牌。在赛后的采访中张怡宁向记者透露，在比赛开始之前她就知道自己肯定会赢得冠军，记者问她为何如此自信，张怡宁回答道："赛前与对方握手时，我感觉她的手是冰凉的。"

我们常说"胜败乃兵家常事"，这句话是非常有道理的。无论做什么事情有成功就必然有失败，失败了不可怕，总结经验重整旗鼓再来过。但可怕的是没有面对成功的信心，一个连胜利都不敢想的人是绝对不可能获得胜利的。

北大校长傅斯年先生是一位成绩颇丰的历史学者，同时他也是一个极度自信的人。傅先生成长于山东，秉承了山东人耿直的性格，还是北大学子的时候就敢反驳教授的错误。当先生成为教授之后，赫然提出放弃被史学界沿用了近千年的考据方法，提出放弃"故纸堆"，将主要精力放到对古迹的考据上来，以实论史而不是以史论史。先生这一提法在中外历史学界顿时引起了轩然大波，各种口诛笔伐接踵而至。

在越来越强烈的非议和质疑声中，先生岿然不动，摆出一副单枪匹马闯曹营的架势，抱定了自己的观念必胜的信念，积极投身于笔战。终于，在经过了近 20 年的争斗之后，历史学界终于衍生出了一个以考据为主的新学派，而先生以学派创始人的身份，毅然矗立在胜利的大旗之下。

傅斯年先生的胜利是他渊博学识和历史积淀的结果，但与其在口诛笔伐中咬定必胜的信念也不无关系。一个人光有正确的信念还不行，还要有坚持自己正确的信心和抵抗非议、质疑的勇气。在哥伦布之前也不是没有人梦想去开辟新大陆，但他们一个个都倒在了对自己的疑惑和否定上面，最终只有敢想敢做的哥伦布成功了。

其实，获得成功远非我们想象的那么遥不可及，但关键是要有成功的想法。一个总是害怕自己会失败，连自己都对自己能否成功心存疑虑的人，他又如何获得成功呢？

经历过高考的人都知道，在很多时候，高考成绩最优秀的并不是那些平时学习最好的，而是那些比他们差一点的人，这是为何呢？就是心理因素在作怪了，学习好的同学总容易患得患失，想考好但又怕考不好，进而发挥不出正常的水平，而那些原本学习不算最好的同学，却因为自信总能发挥出很好的水平，进而拿到理想大学的通知书。

我们每个人都追求梦想成真，但要知道，梦想成真的前提是我们要敢于做梦，有梦想成功的勇气。一个连做梦都不敢的人，又有什么资格抱怨自己总是在原地踏步呢？"求之得之，惧之失之"就是这个道理。

真正的强者并不是没有遇到过失败，而是他们不畏惧失败，不因失败而影响自己获得成功的渴望。他们会用毕生的努力去完成自己的梦想。

爱迪生坚信可以给人类带来一种能发光的电器，在历经了无数次失败之后，电灯终于出现了。丘吉尔坚信自己能够战胜纳粹，最终在经历了 6 年的顽强抗争之后，终于等来了德国投降的那一天。

所谓"精诚所至，金石为开"，一个人只要抱定必胜的决心，不畏艰险，不怕失败，连上天最后也会被你感动的。

2. 不要自我设限

一个人能否获得成功，首先取决于他在什么程度上和在什么意义上把自己从自我的限制中解放出来。

——向达

生活在一个复杂的环境中，我们总感觉自己的身上充满了束缚，现实让我们不得不低下头、弯下腰放弃自己的追求，每当这个时候，我们就会慨叹命运的波折和上帝的不公，但如果我们仔细观察，就总会发现这样的一类人，他们面对与我们同样的环境、同样的束缚，却能够战胜现实，实现自己的理想，这又是为何呢？

其实，现实的束缚对于每个人都是一样的，而之所以有人能够成功有人会失败，主要的原因就在于他能不能战胜束缚，而战胜束缚的关键是要先相信自己，解开心中对自己的束缚。失败的原因并不是现实，而在于人的内心。

为了证明这个道理，行为学家曾经做过几个类似的动物实验，其中一个实验的经过是这样的：行为学家在一个玻璃杯里放进一只跳蚤，然后观察跳蚤的跳跃，发现跳蚤很轻易地跳了出来。再重复几遍，结果还是一样。行为学家测量，跳蚤跳的高度一般可达它身体的 400 倍左右。

接下来行为学家再把这只跳蚤放进杯子里，不过这次是立即在杯上加一个玻璃盖。跳蚤还是尝试着向上跳，但每次都是重重地撞在玻璃盖上。这样反复几次之后，跳蚤开始产生了条件反射，它开始根据盖子的高度来调整自己跳的高度。这时，行为学家拿走了玻璃盖，而跳蚤呢，还是在不断地向上跳跃，但每次都只跳到原来玻璃盖所在的高度，再也没有跳出来过。

其实，我们就像这只不断跳跃的跳蚤，而束缚我们的现实就像这罩在我们四周的玻璃盖。我们不断地尝试跳跃，却不断地碰壁，最后，我们学乖了，在心里为自己设下一条保护的线，而此时，我们虽然不再为生活所折磨，却再也逃不出现实的束缚了。

有的人年轻时意气风发，屡屡去尝试，但是往往事与愿违，屡屡失败。几次失败以后，他们不是抱怨这个世界的不公平，就是怀疑自己的能力。他们不是千方百计去追求成功，而是一再地降低成功的标准，即使原有的一切限制已取消。就像刚才的"玻璃盖"虽然被取掉，但他们早已经被撞怕了，或者已习惯了，不再跳上新的高度了。人们往往因为害怕去追求成功，而甘愿忍受失败的生活。

跳蚤不是真的跳不出杯子，而是它再也不敢跳了，它的心里面已经默认了这个杯子的高度是自己无法逾越的，失败的人生也就如此产生了。因此我们看到，对于一个不断在心里给自己设限的人来说，即使现实没有束缚他，他也是不可能取得成功的。因此我们说，成功的关键还在于把自己从内心中解放出来。

1922 年，美国田纳西州的一个小镇上出生了一个女孩，她是一个私生女，妈妈给她取名叫凯瑟琳。渐渐地凯瑟琳开始懂事了，她发现自己与其他孩子不一样：没有父亲。为此很多人都对她投来歧视的目光。随着凯瑟琳的长大，她身边的歧视也越来越多，为此她变得越来越懦弱，自我封闭，逃避现实，不愿意与人接触，变得越来越孤独，直到凯瑟琳14岁那年。

这一年镇上来了一位牧师，凯瑟琳听母亲说，这个牧师非常好。别的孩子一到礼拜天，便跟着自己的父母，手牵手地走进教堂，她很羡慕，于是她就无数次躲在教堂的远处，看着镇上的人兴高采烈地从教堂里出来。终于有一次，她鼓起了勇气，等别人都进入教堂以后，偷偷地溜了进去，躲在后排注意倾听。

牧师讲道："过去不等于未来。过去失败了，也不代表未来就要失败。过去的成功或失败，只是代表过去，未来只能靠现在来决定。我们每个人都要面对现实，都应该重视现在。我们现在干什么，选择什么，就决定了我们的未来是什么！失败的人不要气馁，成功的人也不要骄傲。成功和失败都不是最终结果，只是人生过程的一个事件、一段经历。在我们这个世界上，没有永恒的成功人士，也没有永远失败的人。"

凯瑟琳是一个悟性很强的孩子，她被牧师的话深深地震动了，她感到一股暖流在冲击着她冷漠、孤寂的心灵。多年来压抑在凯瑟琳心灵上的陈年冰封被这段话融化了，她终于抑制不住内心的情感，眼泪夺眶而出。

从那天起凯瑟琳的心态发生了巨大的变化，她告别了懦弱和自闭，开始尝试着和他人交往，渐渐地她成功了。在此后的岁月中，凯瑟琳走上了人生的坦途，她顺利地上完大学成为一名律师，此后还当选过田纳西州的议员、州长，在州长任满卸任之后，她弃政从商，成为一家世界500强企业的总裁。

《论语》里面有这样一段话："冉求曰：'非不说子之道，力不足也。'子曰：'力不足者，中道而废，今女画。'"这段对话的意思是：冉求问孔子说："我并非不想遵从您的学说，而是我的力量不够。"孔子说："如果真的力量不够是走到一半就再也走不动了。现在你却是为自己划定了停止的界限。"其实我们在很多时候都像冉求一样，在做事之前就先在内心为自己设定了界限，在这样的情况下，即使没有现实的束缚，我们也是不可能实现目标的。

3. 不相信奇迹的人永远都不会创造奇迹

别人都说不行、不可能，必须二选一，我就说一定可以的，奇迹会发生的。

——李彦宏

奇迹，我们总说是可遇而不可求的，但其实并非如此。一件很多人都说不可能甚至自己也产生过怀疑的事，通过一番刻苦的努力最终成功，这样的奇迹并不鲜见。

2009 年 1 月 15 日，一架全美航空编号 1549 客机，因遭到飞鸟撞击，导致两个引擎失灵，飞机起飞 6 分钟后迫降纽约哈得孙河。机长萨伦伯格临危不乱，以超凡技术控制客机，进行了一个教科书级的机腹着陆动作，从而阻止了这架重 100 吨的飞机在与水面接触时解体。机上 155 人奇迹般地全部生还，创造了史无前例、无人死亡的水上迫降纪录。纽约州州长在得知这一消息之后，欣喜地称之为"哈得孙河奇迹"。

之所以有奇迹的出现，自然要归功于机长萨伦伯格先生。在事后的采访中，萨伦伯格一再否认是自己的功劳。当被问及在面对如此重大的压力时是如何保持心理稳定的，机长回答说："我没有刻意地去想什么，只是告诉自己我一定能够成功迫降，就这么简单。"

你相信它它就发生了，有的时候奇迹就这么简单。当然也并非所有的奇迹都是思之即得的，就拿上面的哈得孙河奇迹来说，如果机长没有熟练的驾驶技术和几十年的驾驶经验，也是肯定不可能做到的，但无论如何，相信奇迹的存在是奇迹出现的前提。

在美国宾夕法尼亚州的教堂中有这样一个留言簿，上面记录了一个老妇人在人生迟暮时的一段回忆。每当有绝望的人来到教堂时，牧师就会拿出这个留言簿来让他们阅读，从而鼓舞他们的信心，让他们重新振作起来。留言簿上这样写道：

我是一个60多岁的老太太。我要告诉你们，我就是因为信仰而产生了奇迹。很抱歉的是，我没有受过什么教育，也不太会说话。但是，我会尽力告诉你们，我人生中遇到的第一个大麻烦及我是如何运用信仰的力量来克服一切的。

我生下来便是一个瘸子，胯骨错位。医生说我这辈子将无法走路。但是，当我慢慢长大，看见别人能走路时，我便在心里祈祷上帝帮助我，我也要走路。我知道上帝很爱我。那年我已6岁，还不会走路。我的心碎了，但上帝竟让我扶着两把椅子站了起来。但我一开步走，便倒了下去。我告诉自己，绝不可以放弃。我不断地向上帝祈祷，一次又一次地尝试，直到我能真正站起来好几秒钟。我无法形容内心的狂喜，不断地尖叫要我妈妈来看，我站起来了！我能走路了！

可惜，我一走动，便又跌了下来。我无法忘记当时我的父母有多喜悦。当我再尝试时，母亲递给我一把扫帚，她抓着另一头，叫我一步一步朝前走。她的鼓励加上我自身的毅力，我居然能走医生所谓的鸭子步了！从此，我生活得非常快乐。

3 年前，一场意外让我的左膝盖受伤。我被送进医院后，医生给我照了 X 光。然后医生来到我身旁，问我说，你以前是怎么走路的？他们认为，这是奇迹，因为我的臀部没有关节，也没有大腿窝，怎么能站得起来？过去的一幕幕此时仿佛又回到眼前，我活了 60 多年，竟然到现在才发现自己臀部没有关节和大腿窝！

医生们担心，我左膝盖再次受伤，加上年事已高，大概无法再走路了。但是上帝却再度向我伸出了援助之手。令所有人惊讶的是，我竟又站起来了！我现在还在工作，替一位上班的寡妇照顾 4 个小孩。我自己也失去了丈夫，为了抚养小孩，不得不辛苦地工作。我丈夫在 1919 年患流感去世了。当时两个女儿还小，一个儿子在先生去世后两个月才出生。我跪在地板上擦地擦了 17 年，可是这辈子没生过病，我也不知道什么是头痛。

当我们看到老妇人的这段回忆之后，不禁也为她执着的态度所感动，而正是她这种执着的态度，最终帮助她创造了人生奇迹。

其实人生就是如此，当你对自己有信心的时候，你就发现做什么都会无比顺畅；而如果你总是对自己说不能，不相信自己，那么你就会惊讶地发现，即使是原本你擅长的事，也会渐渐变得生疏，甚至会失败。

奇迹，每个人都想拥有，但拥有的人却是如此之少，为什么呢？关键就在于很多人根本就不相信自己能够创造奇迹，他们一边不相信、不努力，一边又在不停地抱怨，那命运自然是不会眷顾他们的了。真正的奇迹只会降临在那些矢志不渝地追求的人身上，因为奇迹只属于那些相信它们的人。

4. 相信自己，别人才能相信你

一个人应该养成相信自己的习惯，这样在最危急的时候，才能够表现出非凡的勇敢与毅力，也只有这样才能够获得也配得上别人的信赖。

——马一浮

在人际关系当中，每个人都渴望得到他人的认可。但我们要知道，别人的认可却不是凭空而来的，同样的一句"你放心好了"，有的人说出来让人觉得心里踏实，而有的人说出来听者只当个笑话。

别人对我们的信任从何而来，这自然要从我们一贯的表现中来。而一贯的表现如何又是由什么决定的呢？这就是我们的心理。一个充满自信的人，在一贯的表现中也会显得非常负责任、有担当，这样久而久之就必然给人留下一个踏实的印象；而一贯不自信的人，当他们遇到问题的时候首先想到的肯定是逃避，这就自然无法取得他人的信任。因此我们说，这一切来自于人本身的自信。

"一个人只有相信自己，才能得到别人的信任"，这是大作家罗曼·罗兰说过的一句话，这句话用在我们中国地质勘测学的领路人李四光先生身上是再合适不过的了。

李四光幼年家境贫寒，读过私塾，上过学堂，因为学习成绩优秀被官派到日本留学，在日本参加了同盟会，是同盟会中年龄最小的会员。1920 年李先生自日本回国，任教于北京大学地质系。

在 20 世纪 20 年代，中国社会还处于半开化状态，因此无论是教育还是科研在国际上都得不到认可，尤其是理工科更为严重。当时国际地质和地理学界长期流行一种观点，他们认为中国内地没有石油储备。而且在 20 世纪初，美国美孚石油公司聘请了大批学者到中国勘探，在我国打井找油多年，结果却毫无所获。于是以美国布莱克威尔教授为首的一批西方学者，就断言中国地下无油，中国是一个"贫油的国家"。而中国学界，因为不相信自己的科研能力强于外国，也就接受了布莱克威尔教授的论断。

但是，年轻的地质学家李四光却偏偏不信这个邪：美孚的失败不能断定中国地下无油。他说："我就不信，油，难道只生在西方的地下？"在这种强烈的自信心的支配下，他开始了 30 年的找油生涯。他运用地质沉降理论，相继发现了大庆油田、大港油田、胜利油田、华北油田、江汉油田。他当时还预见西北也有石油。今天正在开发的新疆大油田，也完全证实了他的预言。

每个人都难免会遭到别人的质疑，尤其是对于那些有志于做一番大事业的人更是如此。如果你因为别人的质疑声就怀疑自己，进而放弃了自己原有的想法，那么可以肯定，你是永远不可能成功的。真正的强者敢于在质疑声中坚持自己的信念，他们相信自己一定能够成功，而最后，成功也就会真的来到他们的面前了。

在很多时候，别人对我们的质疑和不相信其实是没有道理的，而没有道理的东西永远是脆弱的，只要我们自信起来，那瞬间就会将他们的质疑摧垮，从而获得他人的尊重和信任。美国著名的心理医生基恩博士讲过这样一个故事：

很多年以前，在美国的纽约街头，有一位卖气球的小贩。每当他生意不好的时候，总要向天空中放飞几只气球。这样，就会引来很多玩耍的小朋友的围观。他的生意就会好起来，有的还兴高采烈地买他的那些色彩艳丽的气球。

一天，当他在纽约街头重复这个动作时，他发现，在一大群围观的白人小孩子中间，有一位黑人小孩，用疑惑的眼光望着天空。他在望什么呢？小贩顺着黑人小孩的目光望去，他发现，天空中有一只黑色的气球。

精明的小贩很快就看出了这个黑人小孩的心思，他走上前去，用手轻轻地触摸着黑人小孩的头，微笑着说："小伙子，黑色气球能不能飞上天，在于它心中有没有想飞的那一口气，如果这口气够足，那它一定能飞上天空！"

就像基德博士说的，黑人获得尊重和信任的前提，就是要相信自己也同样可以飞上天。确实，能不能飞上天，关键在于气球里边有没有那口气，而不是在于气球的颜色。如果黑人总认为自己飞不起来，那他们就肯定飞不起来。但只要他们相信自己，那么他们是一定会取得和其他气球一样的高度的。

其实，每一个不自信的人的心中都藏着一个类似上面那样的黑人小孩，当别人都在拼命地想飞起来时，你会对心中的黑人小孩说出何种话来，就决定了你能不能飞翔。在这个复杂的社会中，如果要想获得他人的信任，你首先要抛弃自己心中的不自信，要知道，你不坚强，没人能替你勇敢。

5. 可以输给别人，但不能输给自己

> 为了一时的困难，就这样哭哭啼啼的，还想要自杀，真是没出息！你手中有一支笔，怕什么！
>
> ——沈从文

美国伟大的作家海明威著名的小说《老人与海》中，主人公圣地亚哥有这样一句话："人可不是造出来要给打垮的。可以消灭一个人，就是打不垮他。"在小说中，老人虽然败给了命运，但他仍然是一个勇士，因为他战胜了自己。

其实我们的人生就像这变幻莫测的大海，充满了明涛和暗浪，作为一个有志向的成功者，我们可以被浪打回，但绝不可因为惧怕浪而不敢下水。民国时期的著名记者、进步人士、北大导师邵飘萍就是一个勇于站在风口浪尖上的人。

邵飘萍是浙江人，幼年中过秀才，先后就任过《申报》《时报》《时事新报》的主笔，是我国近代新闻事业的先驱者。在20世纪初那个黑暗的年代，邵先生却保持着一个报人的独立精神和济世情怀，每每揭露反动政府的卖国行为，因此多次引来大祸。

接踵而至的祸事让朋友们都很为他担心，纷纷劝他收敛一些。朋友们劝他说在这个黑暗的时代，即使有他这一盏孤灯又能如何呢。但邵先生坚定地回答说："我固然不可能照亮黑暗，但我也是绝不可能因为恐惧而熄灭自己的，战胜不了恶势力是必然的，但我却可以战胜我自己。"

从此以后，先生非但没有收敛，反而将更大的精力放到了痛斥北洋军阀、揭露他们的卖国行径上来。在他逝世前 14 年，竟没有一位总统逃过先生的笔端。终于在 1926 年，先生倒在了军阀张作霖的屠刀下。

就像邵飘萍先生说的，他终究没有战胜黑暗的恶势力，而且还被恶势力给吞噬了，但因为他的勇敢，因为他的执着，他却成了中国记者心目中永远的丰碑，作为新闻事业的良心为所有新闻从业者永远铭记。

英国文学家培尔辛说过："除了人格以外，人生最大的损失，莫过于不敢面对自己、战胜自己了。"其实，在很多时候，并不是因为现实无法战胜我们才畏缩不前，而恰恰是因为我们畏缩不前，现实才显得越发难以战胜。

因此我们说，一个人如果想战胜现实，首先要有战胜自己的勇气，一个人即使可以被现实所击败，但却永远要击败自己。输给现实一千次一万次也不可怕，只要不输给自己，成功迟早都会降临。

英国前首相撒切尔夫人可以说是近代史上的第一女强人，她充满自信的作风，无论在哪里都给人留下深刻的印象。但要知道，在撒切尔夫人还是个姑娘的时候，她却并非是一个如此强势的人。

撒切尔夫人生长于英国一个普通的家庭，父亲经营着一间杂货铺，虽然衣食无忧，但也并没有多富裕。在小的时候，撒切尔夫人个子很矮，要比同年龄段的孩子低半头，因此经常成为其他伙伴嘲笑和欺负的对象。渐渐地，撒切尔夫人就不敢再同伙伴们一起玩了。每当伙伴们一起在外面玩耍的时候，她就躲在杂货铺的门后偷偷地看，又是羡慕又是伤心。

有一天，妈妈看到了这一幕，便问撒切尔夫人到底怎么了。撒切尔夫人把事情的原委说给妈妈听之后，妈妈二话不说，拉起撒切尔夫人就往门外走。到了门外，妈妈对撒切尔夫人说："别的孩子欺负你，你一定要想出解决的办法，要不然就反抗他们，要不然就和他们成为朋友，总之是不可以躲起来的。记住，你也许战胜不了他们，但你首先要战胜自己。"

说完这些话，妈妈就转身进了杂货铺，并且关上了门。站在外面的撒切尔夫人不知所措，不住地想着妈妈的话。终于，她鼓起了勇气，走向伙伴们。出乎意料的是，这次伙伴们没有欺负她，而是接纳了她，从此撒切尔夫人心中的阴霾驱散了，而她也树立了一种信念，那就是，无论如何也不要被困难吓倒。

1983 年，在西南太平洋的马尔维纳斯群岛上，英国和阿根廷起了争端，战争一触即发。在当时英国的朝野，大家普遍抱有一种息事宁人的态度。因为一者马岛距离英国太远，距离阿根廷却太近，一旦战事打响，英国很难占据优势；二者多年无战事的英国民众对战争的感觉已经远去，因此不希望因为一个小小的岛屿给平静的生活带来波折。

但是面对一片反战的情绪，撒切尔夫人却选择了积极备战。她在国会中指出，即使是战败，也要打了再说，条件虽然艰苦，但大英帝国是万万不可以因此就怯懦的，输给敌人固然不可以，但输给自己却是更不可以的。

最终，在撒切尔夫人的强硬态度下，阿根廷最终让步了，马岛至今仍在英国的管辖范围内。

史上著名的推销员史勒格曾经说过："在我们真实的生命里，每一桩伟大的事业都是由信心开始的，信心是我们跨出第一步的动力，是驱散内心恐惧的阳光。"人要取得成功，首先要对自己有信心，一个想要战胜他人的人，首先要战胜自己。

在人生的道路上，我们时刻会面对挑战：有对自己的挑战，也有来自于别人的挑战。对于别人的挑战，我们要重视；对于来自于自己内心的挑战，我们更加要重视。输给别人并不是什么耻辱，但如果输给自己内心的怯懦、恐惧，那可就是一个十足的失败者了。

6. 生活不相信眼泪，只相信实力

你要知道，处在困境中的眼泪并不能对你有什么帮助，反而会给上天一种软弱的错觉，进而它会更加残酷地欺负你。

——吴文辉

谁没有经历过困苦呢？谁没有受过打击呢？在命运之门向我们轰然关闭，让我们撞得头破血流的时候，谁又能抑制住自己内心的委屈与愤恨呢？但是，即使再委屈、再愤恨，我们也不应该抱怨什么，更不应该自怨自艾地悲伤，因为，成功的道路并不是用泪水而是用汗水铺成的。

苏曼殊是近代著名的作家和翻译家。他早年留学日本，在日本期间，参加过中国留学生的爱国组织革命团体青年会和拒俄义勇队，倾向于民主革命。当同盟会的宣传工作在日本如火如荼地展开时，他又积极投身到推翻封建帝制上来，与黄兴、秋瑾、章太炎等同盟会骨干交往密切。

但是，在革命的一次又一次失败中，苏曼殊变得越来越悲观了，尤其是他的挚友秋瑾女士因起义不成而就义之后，他的神经彻底地崩溃了，每每躲在房中大哭，身体状况也每况愈下，甚至还跑到惠州出家成了一名僧人。

但抱定革命理想的人终究是不可能完全弃祖国于不顾的，在研读了几个月佛经之后，苏曼殊终于还是醒悟了，明白泪水和逃避毕竟是解决不了问题的，终于再次返回日本，投身到革命浪潮中去。他先后组织亚洲和亲会与鲁迅等人合办杂志《新生》，终于，以自身的行动迎来了辛亥革命的胜利。

每个人的生活中都充满着波折和不如意，有的时候生命给我们的打击甚至要远远超过我们的承受能力。在这种情况下，沮丧、流泪和逃避是我们下意识的选择，但是，如果要想成为一个真正的强者，就不能如此。我们应该迎上去，经受磨难，接受人生的考验，化泪水为汗水，最终让命运为我们低头。世界音乐史上的奇才，德国著名音乐家贝多芬就是一个从不向命运低头的人。

在贝多芬 26 岁时，他就开始发现自己的听力渐渐衰退，到了 45 岁时，他的耳朵完全失聪了。听不见东西，这对于一个音乐家来说，无疑是一个致命的打击。但是，倔犟而坚强的贝多芬却并没有屈从于命运的安排，而正像他自己所说的那样："要扼住命运的咽喉……"他用一根小木杆，一端插在钢琴箱内，另一端用牙咬住，用以在作曲时"听音"。可以想象，这一切需要付出多么大的毅力！

1824 年 5 月 7 日，贝多芬成功地指挥他在双耳失聪后创作的不朽作品《第九交响曲》。当台下响起雷鸣般的掌声时，在台上背对着观众的他却全然不知，直到一位女歌唱家牵着他的手，使他面对观众时，他才看到这激动人心的场面。贝多芬，一个靠着顽强的意志和信心战胜了命运的人，最终赢得了世人无比的崇敬。

奥地利著名心理学家阿德勒在其著作《自卑与超越》中提出过一个非常富有创见性的观点，他认为人类活动中的许多行为，都是出自于内心的"挫折感"以及对"挫折感"的克服与超越。

在《自卑与超越》一书中，阿德勒指出了自卑产生的原因：人类的需求是无止境的，但宇宙是博大而永恒的，人类无法超越宇宙，也无法挣脱自然法则的制约，于是产生了挫折感。挫折感是一种消极的自我评价或自我意识，即个体认为自己在某些方面不如他人而产生的消极情感。充满挫折感的人总是非常悲观，认为自己无力把握命运，进而不愿奋斗，终日以沮丧和泪水来打发时间。

凯特和吉瑞是住在隔壁的两家的孩子，他们从小就一起长大。凯特非常聪明，学什么东西总是能非常快地掌握，他知道自己聪明也就显得很骄傲。而吉瑞呢，他的脑子比起凯特的就笨了一点儿，尽管他并不比凯特用的功少，但做什么事总是差强人意，对照凯特，吉瑞总是经常感到非常沮丧。

吉瑞的母亲是位伟大的母亲，她总是鼓励儿子："吉瑞，沮丧并不能带给你什么，如果你想要做得像凯特一样好，就要比他用更多的精力。"听了母亲的话，虽然每次跟凯特比较的时候，沮丧的情绪还是不免会到来，但吉瑞每次都能暗下决心，把沮丧化作努力的动力，最终，吉瑞终于超越了凯特。在两个人30岁的时候，吉瑞成为一家公司的老板，而凯特则成为他手下的一名员工。

命运对我们的打击来自于各方面，比如失败，比如挫折，再比如不公平，当面对这些打击的时候，我们所能够做的就是放宽心，把打击看做是一个锻炼意志的机会，迫使自己坚强起来，这样反而能够把坏事变成好事。

生活不像是艺术，只收藏精彩，不接受平淡。我们纵然百转千回，纵然泪流，生活也不会可怜我们。因此，我们就不应该流泪，因为泪水只会让我们看不清眼前的所有，只会徒增烦恼。

命运是不会向弱者妥协的，顺应命运是对的，但也要让命运知道我们的坚定，一个妥协的人只会让命运认为他好欺负，而当遇到一个坚强的人，命运也是会让路的。

第 9 章

生活不单纯是用来享受的

可能我们过着小康生活，可我们快乐的时光却越来越少了，精神世界越来越空虚。没有了渴望，人变得很懒惰；没有了梦想，耗费着自己的青春；没有了激情，日复一日地过着每天都一样的日子，追求的只是庸俗的享乐主义。

1. 迷茫，有时只是一种借口

面对岔路时故作迷茫之色的人，只不过是想通过迷茫来给自己一个逃避选择的借口，这种人就算选对了路，也一定是走不到尽头的。

——唐胜

我们总是能够听到周围的人对我们说："生活真是太迷茫，不知该如何是好。"对于这样的人，你切不可以为他是真的陷入了迷茫中不知所措，如果不信的话你不妨给他一些自己的建议，然后看给了他建议之后他是否会真的振作起来。有时答案是否定的，这时你就应该明白了，他口中所谓的迷茫只不过是用来逃避现实生活的一个借口。

现实总会有让我们绝望痛苦、辗转反侧、不知所措的时候。在这种情况下，坚强的人会果断站起来，抵挡住这一切，最后战胜它；而懦弱的人则多半是不敢直接面对，他们会选择逃避，但为了能给别人和自己一个说得过去的理由，就把一切归之为迷茫。

关于这种被当做借口的迷茫，北大曾经的教授、中国文坛的奇葩郁达夫先生曾经有过充分的注解。在郁达夫的小说《沉沦》中，他叙述了一个留日的中国学生从懦弱走向死亡的道路。

《沉沦》的主人公"他"内心抑郁、自私且懦弱，19岁来到日本留学，却不是去寻访救国的道路的，封闭孤独的生活加上长期压抑的青春的冲击，没有让他奋发图强，反而成了他迷茫的理由，成了他沉沦的源头。"他"在迷茫的自欺欺人中让性格扭曲地发展，最后就到了自己也不相信的猥琐沉沦，终于，在他 21 岁将要来临之际，痛苦地结束了自己的生命。

其实有人说，《沉沦》这篇小说就是郁达夫以自身为蓝本创作出来的。有人曾说过，郁达夫的早年也是非常颓废和迷茫的，尤其是留学日本归来后，看到国家的破败、政府的无能和人民的愚昧，他曾经一度有弃之而去的念头。但在民族责任面前，他还是选择了勇敢面对黑暗，为祖国和人民的解放尽自己的"绵薄之力"，最终走上了一条从迷茫到觉醒、从觉醒到抗争的道路，虽然英年早逝，但终究对得起一个斗士的称号了。

鲁迅先生说过："希望本无所谓有，无所谓无的，这就像地上的路，其实地上本没有路，走的人多了，也便成了路。"迷茫和希望就像一枚硬币的两面，勇敢者能够把它翻过来，从而获得成功；而失败者则不敢做如此尝试，只愿意在没有路的地上不断地打转，做一个永远在抱怨的"睁眼瞎"。

内心空虚，不见前路，消极颓废，没有希望，这就是迷茫。因为迷茫，所以选择徘徊不前；因为徘徊不前，所以错过机会；因为机会的错过，又陷入更深的迷茫当中。久而久之，一个关于失败和迷茫的恶性循环产生了，迷茫成为一种基调，深深地嵌入了失败者的生活。

邹峰是一个名牌大学的高材生，在学校时有着不错的成绩，而且还担任过学生会干部，有着很好的组织和工作能力，因此前途很为老师看好。

但就在其毕业前寻找工作的时候，一个波折影响了他原本按部就班进行的求职工作，他失恋了。失恋的打击让他非常痛苦，一段时间他陷入了深深的忧郁之中，无心考虑一切事情，就这样，原本计划好的求职被耽误了下来。

如果邹峰能够尽快走出忧郁，振作起来的话，那么他还有很多工作的选择，但在度过了最开始的痛苦和忧郁之后，他却又陷入了深深的迷茫中。他开始怀疑自己的能力，怀疑自己的人生，在这种怀疑当中，他变得越来越不自信，很多原本可以胜任的工作也做不好了。就这样，在毕业后的一年内，他换了一份又一份的工作，至今也没有一个很好的人生规划。

迷茫，一般是和颓废联系在一起的。为什么会迷茫呢？很多人说是因为没有理想，或者对未来没有希望。其实，每个人的成功面前都是一堵墙，成功的人选择以各种方式穿过去，而失败的人则只会在墙前面哀叹，哀叹无路可走，迷茫就这样产生了。其实，解决迷茫的方法很简单，那就是勇敢地面对人生，没路也要走出一条路来。奋进是迷茫的最大敌人，人生也许有陷阱，但只要你不停地挣扎，那就一定能够把自己救出来。

2. 人生的美丽在于奋斗的过程

我们要抱着乐观去奋斗，我们往前一步，就是进步，不要有着愤嫉的心，固执的空想，要仔细观察社会病源。我们于热烈的感情以外，还要有沉静的研究，于痛苦困难之中，还要领会它的乐趣。

——瞿秋白

我们经常说的一句话叫做"莫以成败论英雄"，为什么这么说呢？原因就是并非每一个人的努力都能得到他想要实现的目的，在这种情况下，如果只以最后是否实现目的来评判一个人的成败，那显然是不公平的。对于有些人来说，他们也确实是尽了自己的最大努力，但幸运却并不眷顾他们，在这样的情况下，"莫以成败论英雄"无疑是对他们最好的安慰。

但同时，这句话也并非只是一个心理寄托的阿Q胜利法，而应该是一种达观的人生态度。我们知道，人在做一件事的时候总是喜欢估量一下事情的成功概率。对于那些希望渺茫的事情，很多人都选择躲避放弃。在这种情况下，就需要有这样一种精神站出来，指引一些并不只为成功而奋斗的人，迫使他走上一条"敢为天下先"的路来。作为革命的先行者，很多英烈在"看不到希望"的革命道路上还仍然能够前仆后继，瞿秋白先生就是这样一个例子。

1917年，瞿秋白来到北京意图投考北京大学，因为膳费问题，未能考中，但却因此认识了李大钊、张嵩年等共产主义革命者，进而加入中国共产党。要知道，在瞿秋白入党的时候，中国共产主义事业正处于最黑暗的时期，毫无可以想见的光明。但就是在这种条件下，他却毅然决然地入了党，并一步步担负起领导工作。瞿秋白的行为，可以说是一个只为努力，不为结果，明知不可为而为之的典范。

其实何止是瞿秋白，中共老一辈的革命者，哪一个不是抱着必死的决心走上革命道路的？他们看中的并不是革命之后能够如何，他们挺身而出，其实更多是抱着一种不计结果但不能让光阴虚度的心态，在他们眼中，革命的经历要远远重要于革命是否成功。

人生几十年，弹指一挥间，如何让这几十年过得充实、过得有意义才是最重要的。有一个非常有哲理的小故事：

有个年轻人向上帝抱怨自己的命运，说自己总是被失败包围，已经压得喘不过气来了。上帝笑着问他到底想要什么。"我想要成功的人生，要有显赫的地位，用之不尽的存款，豪奢的生活环境。"年轻人回答说。"好，我答应你！"上帝说。

上帝刚一说完，就只听轰的一声，年轻人周围的世界变了，他来到了一个豪华的别墅中，有假山、游泳池、网球场、豪车，还有一个非常妖娆的美女。而他现在的身份是一家跨国集团的董事长，手下的员工有上万人之多，银行里的存款连他自己都数不清。年轻人顿时欣喜若狂，但一不小心他发现，自己在拥有这些的同时却失去了时间，他已经80岁了。

年轻人顿感万念俱灰，因为他知道自己的人生已经快走到了尽头，虽然拥有他想拥有的一切，却并未有过创造它们的快乐。于是年轻人大叫，要上帝把自己变回去。在他的叫声中，上帝出现了，意味深长地对他说："你要的我不是已经都给你了吗？""可是我却再也没有时间享受这一切了啊！"年轻人恐惧地说。"是啊，但你要知道这些东西是需要用努力去创造的，你不喜欢努力，不想要过程，那我就拿掉了你人生努力的过程，你应该感到高兴才对啊！"

听到上帝的话，年轻人恍然大悟，明白了上帝的意思，他恳求上帝把他变回原来的自己，让他能够靠自己的双手一点一滴地做起。听了年轻人的话，上帝微笑着点了点头，轰的一声，年轻人变了回去，上帝消失了。

人，其实就像一颗划过天空的流星，重要的不是你落在哪里，而是你在天空中闪耀出多么大的光芒。泱泱中华，五千年的历史，哪一时期没有几个叱咤风云的人物呢？但他们的时代一过，无论是成王还是败寇，他们的一切就都化作了尘土，人们记住的，无非只有青史上的寥寥几个字而已。

人生是一个过程，细心体会人生旅途中的点点滴滴比直接期待结果要更有韵味，因为它能让我们收获更多的美好；我们无法改变生命的长度，但奋斗的过程可以增加生命的宽度和深度。这，或许才是人生最需要、最宝贵的。

花开花谢是一个过程，生命荣枯也是一个过程。在流逝的生命过程中，每一段都连接着，每一个过程都有意义。生命周期，每一阶段皆有不同的风景，可惜的是，现实中我们都是无暇驻足欣赏的赶路人。任花凋叶落，春花秋月，大家都低着头，往同一个尽头推挤，错失过程中的美好景致和时光。风景恰恰就在途中，不是起步，更不是终点，开始和结束完全相同，不一样的是过程。

沧海桑田，岁月无声。历史就像是一位顽强奋斗而永远年轻的勇士，催逝了往者，孕育了新军。那凡夫俗子如过往云烟飘然而逝，唯有奋斗者，才是浩瀚星河中永不陨落的灿烂星辰！

3. 没有梦想注定一事无成

我认为我们应该在一种理想主义中去寻找精神力量，这种理想主义使我们的生活变得充实，让原本索然无味的生活变得炫目多彩。

——陈岱孙

广东有一句俚语叫做"宁欺白头翁，莫欺少年穷"，这句话是什么意思呢？就是说宁可看不起有钱的白头老翁，也不要看不起贫穷的年轻人，因为年轻人有一样东西是老翁没有的，那就是实现理想的机会，因此年轻人的未来是不可限量的。一个人只要有了理想，并为之发奋努力，那他就一定可以告别困境。

远大的理想，是人前进的动力，是人的精神支撑。成功学大师卡耐基曾经说过："远大的理想是对幸福的憧憬、向往和追求，幸福是远大理想的实现。没有理想，人就没有奋斗的动力。"一个人有高远的理想，他的人生才会充实，他会时时觉得要提升自己，才能够服务社会、服务他人。所以不论在任何情况下，我们都要培养自己的理想，激活自己发掘理想的能力，发现自己、实现自己。

北大校友、新东方英语培训机构的主席俞敏洪就曾经是一个有理想的穷少年。俞敏洪出生在江苏淮阴市的一个农村，小的时候家里真的很穷，但这样一个穷小子却立志要考上中国的最高学府——北京大学，最终通过三年的刻苦努力，他终于成功了。在大学毕业之后，心中的理想又支撑他开设新东方培训班、新东方培训学校，等等，现在，一个实现了理想的穷小子已经成了很多大学毕业生的创业偶像。

在一次演讲中，俞敏洪曾着重地提到理想对他的作用，他说："我从小就有一种感觉，希望穿越地平线走向远方，我把它叫做穿越地平线的渴望。也正是因为这种强烈的渴望，使我有勇气不断地参加高考。"

俞老师说他的偶像是徐霞客，他之所以崇拜徐霞客也是因为他敢于不怕困难，坚持自己心中的理想，为此，他教育自己的追随者说："只要你心中有理想，有志向，你终将走向成功。你所要做的就是在这个过程中要有艰苦奋斗、忍受挫折和失败的能力，要不断地把自己的心胸扩大，才能够把事情做得更好。"

相信很多人都看过周星驰的电影《少林足球》，里面有一句话说得非常深刻："人如果没有理想，那和咸鱼有什么区别？"是啊，一个没有理想的人就好比是一颗没有受精的种子，即使土地再肥沃，也是不可能长出东西来的；而一个人如果有了理想，那么即使只给他一点机遇，他也能够创造出令人瞩目的奇迹。

咸鱼是为了防止鱼肉腐烂才出现的食物，但由于咸鱼的味道并不好吃，所以又有人通过再加工发明了鱼丸。30 年前，在南洋的新加坡，就有一个小伙子靠着鱼丸让贫瘠的土地上开出了美丽的花朵。

这个小伙子做的鱼丸味道好，因此很受欢迎，没几年，他就有了一笔可观的存款。有几个人看他做的鱼丸好卖，就与他合伙，部分人在家里做，部分人到街上卖。这样一来，生意做大了。

一天，他看到了一则消息，说日本生产出一种高产量的肉类绞磨机，他决定向银行贷款 15 万元去日本买设备。

"你疯了吗？鱼丸手工就能做，根本没必要去买那么贵的设备。"他的合伙人非常不满。"我们要把眼光往远处看，只有做大才能赚得多。"小伙子说。

一颗鱼丸卖两毛钱，只赚七分钱。所有人都认为这是一件没必要做的事，简直是往火坑里跳。"既然这样，我们可不陪着你做傻事。"合伙人见他不听劝，和他分道扬镳了。

几个月后，小伙子从日本买回那套设备。没多久，人们发现他再也没到街上卖过鱼丸。但是，他的鱼丸在城市的各个角落都看得见。

几年下来，小伙子的鱼丸日产量提高到 10 吨，还是满足不了市场的需求。20 多年过去，他的鱼丸年产量达到 8000 吨，营业额已经达到 3000 多万元。

当初那位小伙子，就是今天新加坡最大的鱼丸制造商"鱼丸大王"林文才。新加坡《联合早报》对他进行专访时，他说："其实，我只是把鱼丸换了一个量词，鱼丸是'一颗颗'的，但在我的心里，它是用'吨'来计算和销售的。"把"颗"改成"吨"，是一个量词上的升级，更是一个创业目标和人生志向的升级。

一颗鱼丸，在理想的作用下变成了耀眼的明珠，这就是理想的伟大之处。理想是他乡航船的明灯，是漆黑长夜的星光，是完美人生的画笔。当你身处困境的时候，不要怕，只要你还坚定自己的理想，并为之不断努力，相信美好的明天就一定会来到你面前。

北宋学者谢良佐说过："做人应该立志。立志以后，做人做事就都有了依靠。比如树木，必须首先有树根，然后对它细心培养、浇灌，这棵树日后才能成为栋梁之材。"志向就是理想，庸碌的人之所以成为庸碌的人，就是因为没有远大的理想。

那些没有理想的人，他们的眼睛只会盯着眼前的利益，鼠目寸光自然毫无前途可言；而一个理想远大的人，即使遇到一时的困难，他也是终能走上康庄大道的。

4. 不满是向上的车轮

现实就根本是有缺憾的，必然是不完全的，必然是有着许多不满意的，甚至必然是有着许多令人痛心疾首的，我们既不能逃避现实，就不能逃避这种种，就只有设法来对付这种种；一个人或少数人来对付不够，就只有设法造成集体的力量来对付。

——邹韬奋

鲁迅先生说过："不满是向上的车轮。"先生说这句话的意思是什么呢？一个想要成功的人是不能够安于现状的，只有对现状不满，才能激发人向上的动力，进而改变现状，创造更美好的未来。从这种意义上说，不满是人进步的源泉。北大的著名导师季羡林先生应该是一个很好的例子了。

季羡林先生大学毕业受聘成为山东一所中学的老师。在民国那个重视教育的年代，季先生的待遇可谓是非常优厚的，但优厚的待遇并没有让先生满足，先生觉得自己还有再深造的可能，因此不顾挽留毅然辞职，留学德国。

在德国留学期间，由于对印度文化的热爱，季先生选择了梵文作为专业，师从"梵文讲座"主持人、著名梵文学者瓦尔德施米特教授，成为他唯一的听课者。在跟随瓦尔德施米特教授学习的几年内，季先生的梵文有了长足的进步，慢慢成为一位享誉世界的梵文学者。但有了如此声誉和地位的先生还不满足，利用因战事不能回国的空隙，先生还先后学习了巴利文、斯拉夫文、火罗文等语言，等到 1945 年回国时，季先生已经成为了一个掌握 12 种语言的大家。

在国内，季先生被推上了极其崇高的位置。尤其是在"文革"之后，社会对教育越来越重视，这个时候，作为中国教育界的泰斗，季先生自然是各种荣誉纷至沓来。但是在这一荣誉和安逸的生活面前，季先生却选择了躲避，因为他要的不是这些，他要的是继续学习。

可能我们很多人都无法理解，像他这样一位学问大家居然还对自己的学识感到不满意。但他就是这样的一个人，从 1981 年到 1998 年这 17 年间，先生弃外界的喧嚣于不顾，专心埋首书斋，终于写成了一部史料巨著——《糖史》，先生这种活到老学到老的不安于现状的人生态度，永远值得我们后世学习。

不满是人进步的动力，是社会发展的源泉，我们看从古至今这么多的影响人类的发明创造、科技革新，无一不是来自于人们对现状的不满。不仅如此，对现状的不满还关乎着一个国家、一个民族的存亡，所谓"生于忧患，死于安乐"，就是这个道理。

有一个国王添了一个可爱漂亮的王子。孩子洗礼的那天，有 12 个仙女受上帝派遣前来祝贺，而且每一个仙女都带来了一样珍贵的礼物。第一个仙女带来的礼物是智慧，国王很高兴地收下了。第二到第十一个仙女分别带来的是高贵、力量、财富、英俊、情感、健康、朋友、爱情、知识和关怀，国王也都十分高兴地一一收下了。但到了第十二个的时候，国王愣住了，因为她带来的礼物是"不满"。国王认为，我的儿子什么都不缺少，要什么有什么，怎么能够让他有"不满"呢？故而，他毫不犹豫地拒绝了第十二个仙女的礼物。

随着岁月的流逝，王子渐渐长大并继承了王位。他英俊潇洒，性情温和，身体健康。但是，在他的心灵里，却没有那种因为不满而产生要追求未来的雄心壮志，没有因为不满而建立起要建功立业的抱负。他对已经拥有的都满意，对自己的国家什么都满意。

久而久之，因为他每天都在志得意满的状态下，大臣们也都变得不思进取了，他的国家也渐渐穷困了，很快沦落为一个落后的国家，不久就被邻国吞并了。在他的国家被消灭的时候，老国王还没有死。面对灾难，他才忽然醒悟：原来是他把仙女送给儿子的最珍贵的礼物拒绝了，只有"不满"这个礼物对于儿子来说才是最珍贵的。因为只有个人的心灵里时刻存在着不满，才会不断地克服弱点，才会不断地向更高的目标进取。

我们看到，老国王一心只为自己的孩子选择珍贵的东西，却没有意识到，自己在进行所有选择的时候都只着眼于让孩子得到什么，而并没有为孩子能够做什么而考虑，因此才令小王子不思进取以至于耽误了国家大事，毁灭了自己的国家。

在这个世界上，没有什么事情是一成不变的，因此我们要时刻警惕自己不要为安逸的现状所麻痹，要时刻保持着对自己内心不满的发掘，这样才能够保证自己不被纷纭变幻的环境抛下。

世界著名企业微软公司有一条著名的格言——微软离破产只有十八个月，这就是在教育微软的员工永远不要对现状满意。中国著名企业家潘石屹，如果没有对现状的不满，他现在还留在原单位坐办公室呢！我们不可能都取得像比尔·盖茨和潘石屹那样的成就，但多一点对现实的不满，时常用更高的追求鞭策一下自己，是一定可以为我们的生活带来意想不到的转机的。

5. 富贵来自拼搏

奋斗可能失败，但只要继续奋斗就会有个好结果，比如我的3 次高考。

——俞敏洪

命运是没有绝对公平的，有的人天生聪慧，有的人则资质平庸，有的人天生丽质，有的人则相貌平平……在这种情况下，处于劣势的一方总不免自暴自弃，这是人人都具有的正常心理。不过，在自暴自弃之余，成熟的人也应该在心底迸发出一种自尊和自强的精神，用行动去弥补差距。相貌平庸，那就让自己显得有气质；智慧平庸，那就逼自己掌握更多的知识；如果家境贫寒，那就通过努力让自己富起来。

有位著名的经济学家说：财富是一种运气。这句话不假，好的命运和出身就像是人生的捷径，会让人少走很多弯路，但我们要知道，没有捷径的人也并非是完全到不了终点的，弯路上固然多波折，但只要努力下去，坚持下去，我们也是可以获得自己的财富的。

有这样一位北大的博士毕业生，他家境贫寒，从小就不知道何为富贵，从来没有随心所欲地花过钱。通过考入大学，他来到了北京，切身感受到了人世间的富贵和贫穷的差距，于是下决心一定要让自己富起来。

毕业之后，他放弃了留校的机会，选择出来创业。他将自己的创业地点选在北京大学附近，中国最著名的创业中心——中关村。创业的首要工作当然是组建团队。于是他便试图寻找一些精通计算机技术的创业伙伴，以弥补其自身技术背景的不足。为此他寻找各种机会参与团体活动，希望借此能够结交到一些志同道合的人，在愿意和他交往的人中，他都不遗余力地"推销"自己的创业想法，以便得到他人的认同。

在公司的选址上，出于对很多成功者创业故事的情有独钟，他也将公司放在很多成功者都比较喜欢选择的车库里。公司成立之后，他就真真正正地开始创业。不过在公司设立的网站投入实际应用之后，他却发现，因为公司的服务项目太过单一，因此很难在短时间内打开市场，公司的发展陷入了困境。

面对这种情况，他赶快组织人手又设计了一种帮助人们在网上寻找车位的服务，从而为人们节省在路上四处寻找的时间。公司的状况开始得到好转了，但没过多久，背运就再次降临了。在当时，他的团队包含了很多优秀的毕业生，而他们经常面临各种各样的诱惑。即使是一份简单的兼职工作，也可以拿到上百元一小时的丰厚待遇，而这当然不是艰苦的创业能与之相比的。因此在创业过程中，很多成员都显得瞻前顾后、不够投入。同时，他还发现，自己和很多团队成员在事业方面的理念其实是很不合拍的，在寻找合作伙伴的时候自己太过兴奋，对于很多人只是聊了几句就拉了进来，和很多人并没有深入的接触，随着相处时间越来越长，相互之间的矛盾也开始显现出来了。慢慢地，分裂出现了，公司员工大量流失，最终他的创业破产了。

在刚刚破产的头几个月里，他不断抱怨命运的不公平，慨叹自己没有富贵命，但慢慢地，他醒悟了，他决定再一次向命运发起挑战，即使没有富贵命，他也要自己闯出一条富贵路来。这次，他吸取了上一次创业的经验教训，开始按部就班地实施计划，他不再妄想一下子把公司做大，寻找创业伙伴时也不再执着于高学历，而是倾向于那些有干劲、有能力的人。这一次，他成功了，两年的时间，他不但把第一次创业损失的钱全部都赚了回来，还让自己过上了中产阶级的生活。

如果说天生带来财富是命运的话，那么后天能否创造财富就应该是拼搏。运气有时掌握在自己手中，一个努力拼搏的人才能够得到运气一而再再而三的眷顾，而只知道坐享其成或者努力了一把就浅尝辄止的人，他们即便在开始的时候有好运伴随，也肯定是留不住的。

一个在田地里打井灌溉的人不小心挖出了煤，原来他的田地就坐落在一个煤矿上面，通过挖煤，他赚了一大笔钱。但没过多久，煤炭生意开始不好做了，他要经常出去疏通关系、跑用煤单位，对此他感觉厌烦，于是便作价一百万把煤矿卖给了他人，自己带着钱去享清福了。

钱总是越花越少的，因为一直没注意节约和再投资，两年之后他的经济开始拮据了。这时他想起了两年前的煤矿，于是向人打听后来的矿主最近的情况，得到的回答让他瞠目结舌："人家已经成为远近闻名的亿万富翁了。"

原来，在买了他的煤矿之后，别人也发现煤炭生意不好做，但并未因此苦恼，而是改变思路，在煤矿的旁边开了一个火电厂。这样一来，煤炭不愁销路了，而火电的生意可是非常好做的。通过这一个产业链拓展，别人解决了两个问题，让财富如流水般滚滚而来。

我们大多数人都是普通人，靠买彩票成为百万富翁是不现实的，真正的百万富翁也没有几个是靠买彩票实现的。比尔·盖茨靠的是拼搏，李嘉诚靠的也是拼搏。王侯将相，宁有种乎？有的人确实有很好的命运，但对于我们这些没有受到上天眷顾的人，只要自己看得起自己，化差距为动力，也是可以获得成功的机会的。

6. 你的时间花在哪里，成就就在哪里

哪里有天才，我是把别人喝咖啡的功夫都用在了工作上。

——鲁迅

　　被誉为"21 世纪的彼得·德鲁克"的美国著名畅销书作家马尔科姆·格拉德威尔有一个名为"一万小时定律"的理论，他认为无论是音乐，还是绘画，还是写作，只要你花一万小时做认真的练习，你就会达到一定高度。

　　在不同的领域，我们总能看到一些被称为天才的人，但其实，在这些人成为天才的背后，天分和智慧只起了很少的一部分作用，成才的关键还是在时间的积累上面。"天才是靠百分之一的聪明才智和百分之九十九的汗水"说的就是这个意思。

　　了解季羡林先生的人都知道，先生在晚年有一篇巨著《糖史》，在书中先生把有关于制糖、糖的传播的历史详细地阐述了一番，可以说是中国有史以来对糖的详解最完善的一本著作。先生并非科学家，从事了几十年文学研究的他可以说完全就是一个科学的门外汉，那么先生因何能够写出很多科学家都难以企及的著作呢？那就是长时间积累的结果了。

　　从 1981 年到 1998 年的 17 年间，先生摒弃了外界一切的纷扰，对于邀请、讲座、采访能推就推，将所有精力都放在书斋里面，潜心从基础研究开始，十七年如一日，终于 73 万字的鸿篇巨著就在这一点一滴的积累中完成了。

　　无论多么伟大的事业，都是从一点一滴中得来的，而点滴的时间又是最容易被我们所忽略的，因此说只有明智且有耐性的人，才可能成为真正的"天才"。而那些原本是天才或神童的人，如果不经过经年累月的刻苦学习，最终也只能泯然众人矣，我们都知道的少年天才、长大平庸的方仲永就是这样一个例子。

　　有这样一个有趣的故事：

　　一位学者为学问的不精很是苦恼，他来到教堂向牧师求助。当他把自己的苦恼告诉牧师之后，牧师问了他一个问题："你知不知道任何有关南非树蛙的情况？""不知道。"学者有点惊讶牧师为何要问这样一个不着边际的问题。

牧师说："你可能不想知道南非树蛙的情况，但如果你想知道，可以每天花5分钟阅读相关资料。坚持下来，5年内你就会成为最懂南非树蛙的人。有人会付你一大笔钱，就为听听你对南非树蛙的意见。想想看，只要持续5年内，每天花5分钟阅读相关资料，你就能够成为南非树蛙领域中最具权威的人。"听完这句话，学者懂了，原来自己苦恼的原因就在于自己对所学的学问总是妄图一蹴而就，如果短时间没有进步就自暴自弃以至于半途而废，但却忘了知识是要通过积累才能展现成效的。

其实，每当我们觉得成功遥不可及的时候，恰恰就走在通往成功的路上。只要不停地向前走，那早晚是会到达终点的。但如果停滞不前，那么就算是离成功只有一步之遥，也可能前功尽弃。

不积跬步，无以至千里，成功其实就是每天持续不断地进步一点点。每天进步一点点是卓越的开始；每天创新一点点是领先的开始；每天多做一点点是成功的开始。成功与失败往往只差这么一点点时间的积累，只要坚持下去，时间是从来不会骗人的。

我们每个人都渴望成功、渴望进步、渴望今天比昨天更强，但要知道，今天的更强却恰恰是昨天努力的结果。人生就是一个追求卓越的过程，我们只需要让今天比昨天进步一点点，那么无数个今天之后，我们就走上了创造卓越的道路。

在体育运动中有一个百分之一法则，即每天比昨天多做百分之一，用时间的力量去积累，就可以创造出伟大的成绩。NBA洛杉矶湖人队的前教练汤姆贾诺维奇十分清楚这一法则，他在湖人队处于最低潮时告诉队员："今年我们只要每人比去年进步 1％就好，有没有问题？"球员一听："才 1％，太容易了！"于是，在罚球、抢篮板、助攻、抄截、防守一共五方面都各进步了 1％，结果那一年湖人队居然得了冠军，而且是最容易的一年。有人问教练，为什么这么容易就得到冠军呢？教练回答说："每人在五个方面各进步 1％，则为 5％，12 人一共 60％，一年进步 60％的球队，你说能不得冠军吗？"

汤姆贾诺维奇这个成功的准则同样也适用于我们，当我们让自己每天进步 1％，然后坚持一段很长的时间，那么就一定会发现自己在这个方面取得了令自己都感到惊讶的进步。

我们生活在一个讲求速度的时代，有的人已经丧失了耐心，无论什么事情都渴望速成，但要知道，在这个世界上是没有什么捷径可给我们选择的，渴望速成的背后往往是一事无成。

比尔·盖茨 13 岁开始接触电脑，在他 20 岁成立微软之前的业余时间几乎从没出过书房的门；莫扎特 4 岁开始接触提琴，在 6 岁之前已经学习了 3600 个小时。比尔·盖茨和莫扎特，我们都称他们为天才，但实际上他们却是十足的坚持者。

因此，当我们的心里再一次动起急功近利的情绪时，当我们再一次为短时间的努力没有效果而苦恼时，想一想那位牧师说的话吧，坚持下去，日进点滴，不期速成，早晚有一天成功会来到我们的面前。

7. 不靠天不靠地，自强才能自立

古今中外，凡能成就一番伟大的事业，对社会有着突出贡献的人，无一不是自强不息、脚踏实地、艰苦奋斗的结果。

——皮名举

《易经》中有句话："天行健，君子以自强不息。"宋代诗人汪洙也曾作诗："将相本无种，男儿当自强。"

人自由自强方能自立，一个不懂得自强的国家，是必定会遭到外敌侵略的；一个不懂得自强的组织，是必定会以解体收场的；而一个不懂得自强的人，也是必定会一事无成的，所以一个人无论家境如何、自身条件怎样，想要成就一番伟业，归根结底是要自强。

北大教授黄侃是民国时期著名的国学大师，黄侃出身官宦世家，父亲是清末进士出身，曾做过四川盐茶道、成都知府，后官至四川按察使，是清朝的二品大员和当时的著名学者。黄侃的境遇真可以用我们现在的一句话"含着金钥匙出生"来形容。

但是，有如此优越家境的黄侃却并未成为一个公子哥，他从小就立志自由，渴望能靠着自己的能力自立起来，为此他还站到了家庭的对立面上，参加了同盟会，成了一个名副其实的革命者。

在革命的艰辛岁月，黄侃又醉心于国学，据称他对于国学的痴迷已经到了走火入魔的地步。为了潜心研究国学，他曾经多日闭门不出，在饭桌上准备了馒头和辣椒、酱油等作料，饿了便啃馒头，边吃边看，吃吃停停，看到妙处就大叫："妙极了！"有一次，看书入迷，他竟把馒头伸进了砚台、朱砂盒，啃了多时，涂成花脸，也未觉察，一位朋友来访，捧腹大笑，他还不知笑什么。

就是在如此刻苦的环境下，黄侃依然执着追求独立的境界，而自强不息的他也终于得到了上天的眷顾，几十年如一日的研究为他打开了一条国学的新境界，让他成为近代国学不世出的人才，在文字、训诂、声韵方面他都占有一席之地。

我们经常说"富不过三代"，为何有这种状况出现呢？那就是因为在优越环境中长大的人，因为没有吃过苦，不知道生活的艰辛，因此也就不知道自强自立的重要性。在这种情况下，就像是从小被人绑在了两根拐杖上，没有学过独立的行走，而一旦将他的拐杖拿去，他就自然会摔倒在地。

在古代的伊朗有这样一个故事：

一个百万富商老来得子，因此对儿子非常溺爱，从不让他受一点委屈，无论他想要什么都满足他。但没想到的是，却因此让独生儿子走上了邪路，孩子变得好吃懒做、不懂得自立，还总是同不三不四的坏朋友来往。

看到这一切的富商开始后悔了，于是他试着劝导孩子，但却没有取得任何效果，他意图切断孩子的"财源"，逼迫孩子自强，但试了几次也以失败而告终。最后，实在没有办法的富商在阁楼上藏了十万枚金币，在临终前，他叫来儿子说："如果你有一天遭逢不幸打算自杀，那就用一根绳子系在阁楼的这个环上上吊，这样比较容易死去。"这些话让儿子感到莫名其妙，在儿子狐疑的眼神中，老富商去世了。

老富商去世后，没有人管束了的儿子变得更加荒唐了，他任意挥霍父亲的财产，很快就和不务正业的狐朋狗友花光了金钱、卖光了家具和奴隶，一无所有了。当然，那些酒肉朋友不再相信他、理睬他。于是，伤心的年轻人对自己以前的所作所为悔恨万分，想起了父亲的忠告。

当他按照父亲的遗嘱准备结束生命的时候，发现了父亲藏匿起来的金币，这也是父亲留给他的寓意深刻的最后礼物。此时，他顿悟了，他没有拿出金币来改善生活，而是悄悄把金币放回了原处。从此以后，那个好吃懒做的儿子不见了，代之以一个靠自己的双手生活的人。他懂得了父亲的意思是要他自强，因此他选择了白手起家。他从此远离了那些没有信义的朋友，抛弃一切愚蠢的行为，两年过去了，他又成了当地著名的巨商。

对于一个人来说，与所谓的家庭的势力、雄厚的资本以及亲友的扶持相比，做到自强自立是更为重要的。因为一个人一旦走上了自强的道路，他的力量将是不可估量的，而一个人一旦自立了起来，那么无论有多么大的困难，他就总能克服。

每一个人都能实现自立自助的独立生活，可是在实际生活中，只有少数人能够真正地实现这种生活。当然，依赖他人，追随他人，让他人去思考、去策划、去工作，这自然要比我们自己去思考、去策划、去工作要容易得多，也惬意得多。

我们还有一个通病，那就是如果在某一方面缺少特殊的才能，我们就不再想努力，认为努力也是枉然。可是还有许多人，在最初的时候他们与常人无异，也没有特殊的才能，但最终他们却成功了。这是因为他们的自信心要高过一般人，并能以自信做支柱去自强自立，终获成功。一个人不去实践，就永远不会知道自身的身体里究竟有多少才能与力量。

所以，人一定要摆脱"无力"的观念，不要因为有人扶持就失去自己，也不要因为觉得自己不行就放弃尝试。一个成熟的人，一定是一个坚定地向前走的人，只有这样，他才能打开命运的大门，最终走向成功。

第 10 章

只会幻想的人没有真正的机会

很多人在遇到挫折和困难的时候，便脱离实际，想入非非，把自己放到想象的世界中，企图以虚构的方式应对挫折，获得满足。有时，白日梦可以推动人们追求某种目标。若是白日梦代替了实际的行动，就会成为逃避现实的手段，最终碌碌无为一辈子。

1. 天才就是无止境刻苦勤奋的能力

> 须勤于所业，知光阴时日机会之不复更来。须勤思，而加须勤思，而加条理。
>
> ——严复

辜鸿铭的导师卡莱尔曾经说过，天才就是无止境刻苦勤奋的能力，其实卡莱尔先生这句话用到辜鸿铭身上是再合适不过的了。

辜鸿铭，中国近代史上独一无二的怪才。他是南洋著名华商之子，幼年随义父英国人布朗先生长大。1840 年中英鸦片战争打响，布朗先生对辜鸿铭说："你可知道，你的祖国中国已被放在砧板上，恶狠狠的侵略者正挥起屠刀，准备分而食之。我希望你学通中西，担起富国治国的责任。"从此，辜鸿铭就立下了以学识救国的远大志向。

不过，辜鸿铭天资并不出众，但他有决心和毅力，在布朗先生的督促下，他以死记硬背的办法很快掌握了英文、德文、法文、拉丁文、希腊文，并以优异的成绩被著名的爱丁堡大学录取。从爱丁堡大学毕业之后，他又赴德国莱比锡大学等著名学府研究文学、哲学，几十年如一日地埋首书屋，终于让他成为集东西方文化于一身的学问大家。相传，在德国有些学校，凡是没读过辜鸿铭的著作的学生是拿不到硕士学位的，而且在清末民初的西方文化界，还流传着这样一句话：来北京可以不看紫禁城，但不能不拜访辜鸿铭先生。

辜鸿铭在文化界的地位可想而知。

文化怪杰，这是时人对辜鸿铭的称谓，精通 9 国语言、能被很多外国教授顶礼膜拜，他是担得起这个"杰"字的。但在这个"杰"字背后，我们看到的是他刻苦的努力和不懈的思索。有位哲学家曾经说过这样一句意味深长的话："世界上能登上金字塔的生物有两种，一种是鹰，一种是蜗牛。不管是天资奇佳的鹰，还是资质平庸的蜗牛，能登上塔尖，极目四望，俯视万里，都离不开两个字——勤奋。"

我们知道，有些人的才能是天生的，就像那生下来就会翱翔的雄鹰一样，但在现实中更多的"雄鹰"还没来得及翱翔就在一片赞扬声中折断了翅膀，能最终飞上金字塔顶端的凤毛麟角。但"蜗牛"就不一样，因为它的执着，因为它的勤奋，本来无比漫长的路就这样一步步落在它后边了，最终取得了不可小看的成就。

每一个人的才能不是天生就有的，而是靠自己的勤奋努力得来的。成功来自勤奋，勤奋熔铸未来，未来始于脚下。只有让勤奋坚实前进的步伐，才能踏平坎坷成大道，送走晚霞迎日出。只有让勤奋升起远航的帆，才会长风破浪会有时，直挂云帆济沧海；只有让勤奋伸展梦想的翅膀，才能大鹏一日同风起，扶摇直上九万里；只有让勤奋挥舞搏击的拳头，才能高举奋进的旗帜，开创美好的明天！

斯蒂芬·金是美国最著名的恐怖小说作家，他写的小说几乎每本都被改编成了剧本，并获得广泛的好评。只要一部影视作品打上了斯蒂芬·金的名字，就永远不愁它的票房，为此他也获得了丰厚的版税回报，一度成为作家群体中的首富。但很少有人知道，已经成为首富的他，在一年的每一天里都几乎做着同一件事：天刚刚放亮，他就伏在打字机前，开始一天的写作。

斯蒂芬·金在成名前的经历十分坎坷，他曾经贫困得连电话费都交不起，电话公司因此而掐断了他的电话线，然而他没有气馁，而是仍勤奋不辍地写作。后来，他成了世界上著名的恐怖小说大师，整天稿约不断，常常是一部小说还在他的大脑之中储存着，出版商高额的订金就支付给了他。如今，他算是世界级的大富翁了。可是，他的每一天，仍然是在勤奋的创作之中度过的。

斯蒂芬·金成功的秘诀很简单，只有两个字：勤奋。一年之中，他只有三天的时间是例外的，不写作。也就是说，他只有三天的休息时间。这三天是：生日、圣诞节、美国独立日。勤奋给他带来的好处是永不枯竭的灵感。缪斯女神对那些勤奋的人总是格外青睐，她会源源不断地给这些人送去灵感。

斯蒂芬·金和一般的作家有点不同。一般的作家在没有灵感的时候，就去干别的事情，从不逼自己硬写。但斯蒂芬·金在没有什么可写的情况下，每天也要坚持写五千字。这是他在早期写作时他的一个老师传授给他的一条经验，他也是坚持这么做的，这使他终身受益。他说，他从没有过没有灵感的恐慌。

"勤能补拙是良训，一分辛苦一分才。"说这句话的是一个半路辍学靠自学成才的人，他就是华罗庚。他是中国近代数学的奠基人，十足的天才，但如果没有刻苦的努力，这个天才恐怕也早就被埋没于常州金坛的乡间了。

天才是打开成功之门的钥匙，但在获得成功之前，你至少要先保证能够走到门前。在通往成功之门的道路中，勤奋是最短也最有效的途径。我们现在总喜欢说某某"一夜成名"，这指的就是他开门的一刹那，但有谁知道，在"一夜成名"之前，他是经过了多少的辛劳与汗水的。

不知从何时开始，我们周围越来越多的人都喜欢通过各种书籍去寻找成功的方法，但无论是何种方法，到了最后他们会发现真正的方法就在身边，那就是勤奋和执着。人只有不断勤奋努力地工作和学习，从中领悟勤奋激发出的灵感，成功的契机才会慢慢向你靠拢。

曾经有人问牛顿说："您获得成功的秘诀是什么？"牛顿回答说："假如我有一点微小成就的话，没有其他秘诀，唯有勤奋而已。"我们纵览古今中外的历史，无数的事实都向我们证明：那些在事业上取得辉煌成就的人，并不一定是天资最佳的人，而是肯下苦功夫的人。这些人的成功都在验证着同一个道理：成功与勤奋有着密不可分的关系，成功是勤奋的结果，而勤奋则是成功的必备条件。

如果说理想是驶向成功的船，那么勤奋就是为它鼓风的帆，没有帆，船是永远也到不了彼岸的。

2. 天马行空的幻想，不及脚踏实地的努力

有些人天资颇高而成就则平凡，他们好比有大本钱而没有做出大生意，也有些人天资并不特异而成就则斐然可观，他们好比拿小本钱而做大生意。这中间的差别就在努力与不努力了。

——朱光潜

幻想或者说是梦想，这是我们每个人都拥有的，但不同的是，对于某些人来说，他们的幻想会成为现实，而对于另一些人来说，他们的幻想则永远是幻想。

幻想成为现实，这是我们每个人都渴望得到的，但是，能做到

223

这一点的人却寥寥无几，但也正因为如此，也才更显得实现幻想的人是多么伟大。

中国著名科学家、北大校友、被称为"两弹元勋"的邓稼先先生就是这样一个把梦想变为现实的人。

邓稼先出生于安徽一个书香门第，早年受到过良好的教育，后就读于北京大学。他的青年时代正是抗日战争最激烈之时，当他看到由于中国的落后，日寇的铁蹄随意践踏中国领土、屠戮中国百姓时，不由得怒从心生，因此也立下了一定要为中国的崛起与强盛而奋斗的志向。

1948 年，先生远赴美国，当时国际大国之间都正在为原子弹的巨大威力而陷入核狂热中，因此先生终于找到了报国之门，投身于核物理学的学习中。1950 年先生获得了物理学博士学位，并于同年拒绝国外挽留毅然回国。

回国以后，先生被任命为中国核武器研制与发展的主要负责人，从此以后，先生便把全部精力都放在了默默无闻的核试验上面，直到去世。

在先生和其他科研工作者的努力下，中国先后成功实验了原子弹、氢弹，国防力量得到了显著的提高，邓稼先先生用他毕生的努力实现了自己的梦想。

梦想成为现实的道路总是非常坎坷的，要忍耐别人无法想象的寂寞、承受别人无法承受的痛苦，因此，很多人都在努力面前望而却步了。想当初，和邓先生有同样报国之心的人恐怕不在少数，但为何只出现了一个邓稼先呢？原因就是很多人安不下心来，没有脚踏实地努力的勇气。

失败的人总是会羡慕成功的人，但要知道，他人的成功可并非凭空得来的。失败者之所以成为失败者，就是因为他只看到了别人实现梦想时的喜悦，却无视别人在实现梦想的过程中付出了多少努力。

山腰上住着一个老和尚，每天打水、做饭、念经，既平常又单调，可他总是不厌其烦地重复这些事情。一天晚上，在老和尚睡熟时听到了一声声婴儿的啼哭，在黑夜中显得凄凉与冷清。老和尚披上外衣走到庙外，发现了一个用布包裹着的婴儿——一个被遗弃的孩子，老和尚慈爱地把婴儿抱到了庙里，从此便有了相依为命的另一半。小孩子渐渐长大了，很聪明，可每天游玩于山水之中，他掌握的学识和技能却很少。

转眼间，小孩子长成了小伙子，他要去外面的世界闯一闯，可到了山下，面对外面的世界，对于他来讲一切都那么陌生而又新鲜，他什么也不懂，一个月后花光了身上所有的钱，然而他一无是处，什么也不会，眼睁睁地看着别人凭一技之长能讨得生活，心中只有羡慕："如果我也会该有多好！"在山下流浪了一段时间，他又回到了庙里，向老和尚倾诉自己的遭遇。

老和尚念了一段经，对他说："临渊羡鱼，不如退而结网。"小伙子听了，莫名其妙地走开了。他来到溪水边望着溪水中欢跃的鱼儿，口中念着："临渊羡鱼，不如退而结网。"可还是不明白。这时，他看到一位渔夫在溪边钓鱼，身后的木桶里装满了鱼。小伙子痴痴地说："如果我也会该有多好。"老渔夫没有抬头，只是念着："临渊羡鱼，不如退而结网。"小伙子眼前一亮，他终于明白了老和尚的意图。从此以后，他回到了庙里，足不出户，一心钻在书本中，读尽了天下书，成为一代宗师。

美国诗人爱默生说过：当一个人年轻时，谁没有空想过？谁没有幻想过？想入非非是青春的标志。不错，幻想对于人，尤其是对年轻人来说总是如影随形，但是我们要知道，通往成功的道路可并非是只需要幻想就能铺成的，而是由一步步踏实的脚印走出来的。

梦想总是无比美好的，但现实却又总是非常令人失望的，如何让梦想和现实统一起来呢？有的人给出了最好的答案——先从梦中醒过来。生活中从来没有天上掉馅饼的事情，幸运虽然时常有，但是不可能恰巧降临到你的头上。所以，只有实实在在的汗水和辛勤的劳动才能让自己得到想要的东西。

哲人说：行动是梦想的翅膀，只有通过不懈的努力，才能够帮助梦想高飞，而一个总是畏缩不前不肯行动的人，他也就只剩下看着别人高飞而在原地仰望的份了。

3. 不要只等万事俱备才去做事

所谓革命精神就是创造性，要懂得世界上的一切都需要创造，要前进就不能坐着等待，就要去创造。而要创造就要克服困难，不能贪图好环境、好条件。

——徐特立

毛泽东说过，"一万年太久，只争朝夕"，为何伟人有如此言语呢？因为机会对于我们来说太难得了，并且不只难得，而且易逝。我们总是强调，凡事要谨慎，最好做到万事俱备，但要知道，在很多时候，当万事俱备之后，"东风"也早就吹过去了。

　　某天，一名叫周同的小朋友正在外面玩耍，突然在草丛中发现了一只嗷嗷待哺的小麻雀，他抬头看了看，应该是从鸟窝里掉下来的，于是便决定带它回家去喂养。当他走到家门口时，忽然想起妈妈是不让自己在家里饲养小动物的。于是，他便把小麻雀放在门后，进屋去请求妈妈。在他的苦苦哀求下，妈妈终于答应了。可是，当周同兴奋地跑到门口时，他却再也找不到那只小麻雀了，他看到的只有一地的羽毛和一只舔着嘴巴意犹未尽的黑猫。

　　把一切都准备好，做到万事俱备，这固然可以降低我们出错的概率，让我们对事情的成功更有把握，但是，在另一方面，它却会让我们失去很多稍纵即逝的机会。

　　如果总是期盼着对事情做到完全有把握再行动，那么我们的工作也许永远没有"开始"。因为事情总是在不断发生着变化的，一方面我们准备好了，可在另一方面却可能又出错了。因此在成熟的人看来，无论是做什么，永远也不可能做到万事俱备的。在这种情况下，与其完全地把握某事，还不如坚定想法，在机会来时就果断去做，有时这样的效果反而会好于总是瞻前顾后。

　　我们都知道，清末革命党人在武昌起义胜利之前发动过大大小小十数次起义，但均以失败而告终，最后终于在武昌获得了成功，并且趁燎原之势成功地推翻了帝制，让中国走上了民主共和的道路。但在这些的背后，却很少有人知道，武昌起义其实是革命党准备最不充分、行动纰漏最多的一次起义。

　　由于起义连续受挫和武昌所在地理位置非常险要，因此一开始孙中山、黄兴等同盟会主要领导人并不看好起义，在起义谋划和实施阶段，同盟会中央居然没有一个人在湖北。

而且原定于 10 月 6 日进行的起义也因为湖南领导出现状况，被迫延期至 10 月 16 日，革命军中的情绪遭到了很大的打击。10 月 9 日，孙武等人在汉口俄租界配制炸弹时不慎引起爆炸。俄国巡捕闻声而至，搜去革命党人名册、起义文告、旗帜等，秘密泄露，并拘捕刘同等 6 人，此时革命队伍里面已经群龙无首了。在如此恶劣的情况下，新军当中两名下级军官熊秉坤、金兆龙站了出来，共推吴兆麟为指挥，仓促间打响了武昌起义的信号，被压抑已久的新军将士终于鼓动起来了，他们一鼓作气占领了湖广总督衙门，由此吹响了推翻清王朝的号角。

没有领导、没有组织，连作战部署都是现安排的，但就是在这种情况下，武昌起义取得了胜利。由此可见，对于立志做事的人来说，最关键的并不是万事俱备，而是抓住机会，坚决去做。

机会对于我们来说太重要了，因此我们总想做到万无一失，但很多时候，当我们真正对自己谋划了很久的事情开展工作的时候，却往往会惊讶地发现，最好的时机已经错过，而如果拿浪费在"万事俱备"上的时间和精力来处理手中的工作，却有可能起到更好的作用。

而且，许多事情我们如果立即动手去做，就会感到快乐、有干劲，这样在无形中就加大了成功概率。而一旦被延迟、愚蠢地去满足"万事俱备"这一先行条件，不但辛苦可能会加倍，还有可能失去原本应有的干劲。

曾经有一个艺术家行走在路上，走着走着，一个思考了很久都没有寻找到的灵感如同闪电般闪现在他的脑海里。他兴奋极了，于是便想一定要把这条灵感发挥到极致，创作出一件完美的作品。

他迅速叫住一辆出租车，飞快地回到家里，沏了一杯浓茶，摊开稿纸准备把灵感完整地记录下来，但此时，他却再也抓不到那灵感的精髓了，只有一条模糊的线索在，而且越来越模糊，终于在他的苦苦思索中，灵感消失了。

有人说过，"万事俱备"是人的枷锁，总是执着于"万事俱备"的人是永远也成就不了什么事业的。这个艺术家就为我们证明了这一点，试想如果他在那一刹那迅速执笔，把那个灵感画在身边的某一片纸上或者他的衣服上，那必定是会有收获的。

当然，如果事前没有做好准备，在具体开展工作的时候，我们有时会觉得力不从心，但是要知道，力不从心地把握机会也总好过"万事俱备"地丧失机会。因此，我们必须要养成"立即行动"的习惯，只有这样，我们才算掌握了成功的秘诀，也只有这样，我们才能够对得起上天赐给我们的机会。

4. 将语言刻进行动，才有机会成功

我们每个人都知道，把语言转化成行动，要比把行动化为语言困难得多，但同时，也重要得多。

——金克木

法国作家司汤达的《红与黑》让我们领略到了一种人，那就是"言语的巨人，行动的矮子"，在我们的身边，这种人是绝对不会缺少的。我们经常能够看到有些这样的人，无论什么问题，他们总是能够说得头头是道，但让他真的去面对时，他却做得比谁都差，用诸葛亮的话说就是："笔下虽有千言，胸中实无一策。"

曾有人总结说，各行业中首屈一指的成功人士都有一个共同的优点：他们办事言出必行。这种能力会取代智力、才能和社交能力，来决定着收入和财富增长的速度。雷厉风行一向是成功者的作风，一旦想好要做某件事情，他们绝对不会顾虑重重，缩手缩脚，正是因为他们的果敢才造就了他们非凡的成就。

把理论应用到实践上，让理论去指导实践，以便取得更好的成就，这是很多成功者的不二法门。其实，早在我国的古代，就曾有先贤提出过类似的观点，比如明代大儒王阳明，王阳明所创立的心学提倡知行合一，知为行所用，行以知为范，我们后世的很多成功者都对王阳明这一套准则深信不疑，比如中国教育史上赫赫有名的人物陶行知。

陶行知先生原名文濬，因崇拜王阳明的知行合一理论而改名为行知。他毕业于金陵大学，后留学美国师从教育学者杜威，回国后任教于南京高等师范学校。

在二十世纪二三十年代那个战乱频仍的时期，他将更多的目光转移到了受迫害最严重的农民阶层。先生在求学时，深知如若想改变一个团体的现状，最好的方法莫过于教育，尤其是普及平民教育，这无论是对农村社会还是对整个国家都是有百利的事情。

但说起来容易，做起来却着实有很多困难，经费、人才、机构和政策支持陶先生一样也没有。但就是在如此艰苦的环境中，反而更加坚定了先生的意志和他知行合一的想法。他利用自己的声望筹集到资金，先后开办了晓庄师范等多家平民教育机构，在他的领导和带动下，在 20 世纪 30 年代，中国的农村教育出现了前无古人后无来者的新局面，而陶行知先生也以一个敢作敢为的平民教育家为历史永远铭记。

言语和理论只有在它们变成现实之后才会有说服力，在现实生活中，有些人有很好的头脑和理论，但他们最后却总是与失败结伴。那就是因为他们只会纸上谈兵，做起事来前怕狼后怕虎，结果白白错失了很多良机。

要成功，自然要有周详的谋划才可以行动，但如果谋划太过周详，甚至都周详到瞻前顾后的地步了，那可就变成了束缚。一个成熟的做法应该是在决定某件事之后就雷厉风行地一干到底，害怕失败什么都别干。

机会总是稍纵即逝的，当你有了想法的时候，一定要及时施行，否则等到你考虑好，要么时机已过，要么失去了勇气，最后只能悔恨、惋惜。所以，我们一定要有雷厉风行的勇气，想到就去干，这样才有更多成功的机会。

皮柏在邓肯商行工作，趁着休息时间，他带母亲到欧洲观光，在返回的途中，他到码头散步。突然，一位陌生白人拍了拍他的肩膀，问道："小伙子，想买咖啡吗？"那人自我介绍说，他是往来于美国和巴西的货船船长，受托从巴西的咖啡商那里运来一船咖啡。没想到美国的买主已经破产，只好自己推销。如果谁给现金，他可以以半价出售。这位船长可能看皮柏穿着考究，像个有钱人，就拉他到酒馆谈生意。

皮柏考虑了一会儿，就打定主意买下这些咖啡。于是他带着咖啡样品，到新奥尔良所有与邓肯商行有联系的客户那儿推销。经验丰富的职员要他谨慎行事，价钱虽然让人心动，但舱内的咖啡是否同样品一样，谁也说不准，何况以前发生过船员欺骗买主的事。但皮柏已下定决心，他以邓肯商行的名义买下全船的咖啡，并发电报给纽约的邓肯商行，说已买到一船廉价咖啡。

然而，邓肯商行回电严加指责，不许皮柏擅自用公司名义，让他立即取消这笔交易！皮柏只好发电报给伦敦的父亲求援。在父亲的默许下，皮柏用父亲在伦敦的户头偿还了原来挪用邓肯商行的钱。他还在那名船长的介绍下，买了其他船上的咖啡。

皮柏赌赢了。就在他买下大批咖啡不久，巴西咖啡因受寒而减产，价格一下子猛涨了2—3倍。皮柏大赚了一笔，不但邓肯对他赞不绝口，连他远在伦敦的父亲也连夸儿子说："有出息，有出息！"皮柏的全名是约翰·皮尔庞特·摩根，也就是后来的美国金融界巨擘。

在人的诸多恶习中，敢想不敢做是其中最恶劣的一项。它对人的危害程度有时甚至要超过那种不考虑清楚就行动的鲁莽，因为后者至少还有成功的机会，但前者是绝没有可能成功的。

我们每一个人都有许多美好的憧憬，假如我们能够抓紧时间去办，就不会留下什么遗憾；如果我们考虑太多、一直拖延，最后就很可能把憧憬变成泡影。而且瞻前顾后不仅仅是个坏习惯，还是办事能力不强的表现。不信你可以看看周围，凡是那些办事能力很强的，无不是雷厉风行的人。

立刻行动起来吧，做一个敢想敢做的成功者，一件事情如果我们从一开始就拖延，那就会一直在拖延，而如果一开始便行动起来，那就一定会坚持到底，直达胜利的彼岸。

5. 每天一小步，走得会更远

巨大的建筑，总是由一木一石垒起来的，我们何妨做做这一木一石呢？我时常做些零碎事，就是为此。

—— 鲁迅

如果要问成功都需要一些什么品质，相信不同的人会有不同的答案。有人会说智慧，有人会说勇敢，有人会说坚定……成功的品质不一而足，但在这些品质当中，有一点可以说是最为人所忽视的，但就像空气之于人生，正因为忽视才更显得不可缺少，这种品质就是耐心。

但凡是大的成就，无不是经过经年累月的磨炼和积累。因此，对于一个立志要成功的人来说，除了具备很强的个人素质和获得成功的知识储备之外，还必须具备耐心的优秀品质。也只有耐心，才可能帮助人挨过成功前的寂寞。

耐心并不是停滞不前，而是循序渐进。耐心的人从不急功近利，而是只做好眼前的事情，最终在时间上取得成就。就像马拉松运动员一样，每一步都很小，每一步都显得比较慢，但长时间地积累下来，42195 米的距离就被他们甩在身后了。

在中国文坛，梁实秋无疑是一位"马拉松"式的健将。梁实秋是中国现代著名的文学家、翻译家，在 20 世纪 30 年代那个云谲波诡、百家争鸣的时代，作为文坛大将的他却甘心埋首书斋，只拨弄自己的"风月文章"，从不关心国事、政事。

然而梁实秋"两耳不闻窗外事"的同时，却并没有虚度光阴。从 20 世纪 30 年代任教于北京大学开始，梁实秋就着手开展了一项浩大的工程——对莎士比亚著作的翻译。此后，无论是中日战争还是国共内战，无论是去云南后方还是远赴台湾，这项工作梁先生从来就没有搁置过。终于在 40 年后的 1970 年，一部中国有史以来翻译最完全的《莎士比亚全集》问世了，而梁先生也以这部巨著成为中国乃至世界上最有影响力的莎士比亚研究学者之一。

不积小流，无以成江海，试想如果没有 40 年的积累，光靠一朝一夕的冲动和热情，那估计梁先生连《罗密欧与朱丽叶》这一部也是译不完的。

成就在于拼搏，但更在于积累，绳锯木断、水滴石穿。如果我们每天背三个英语单词，那么三年下来，我们也可以成为一个掌握英语的高手；如果我们每天学一篇古文，那么五年下来我们也可以在古汉语上小有所成。因此只要让每个小成功不断地积累，我们就可以引发大的成功。

大成功是由小目标所累积的，每一个成功的人都是在达成无数的小目标之后才实现了他们伟大的梦想。不放弃，就一定有成功的机会；如果放弃，就是失败。不怕艰苦，不懈努力，迎接自己的便将是成功！

1983 年，伯森·汉姆徒手登上了纽约帝国大厦，在创造了吉尼斯纪录的同时，也赢得了"蜘蛛人"的称号。美国恐高症康复协会得知这一消息，打算聘请他做康复协会的心理顾问。伯森·汉姆接到聘书，打电话给协会主席诺曼斯，让他查查协会里的第 1042 号会员情况。原来，这位创造了吉尼斯纪录的高楼攀登者，本身就是一

位恐高症患者。诺曼斯对此大为惊讶，他决定亲自拜访一下伯森·
汉姆。

在汉姆的住所正举行一个庆祝会，十几名记者围着一位老太太
拍照采访。原来汉姆 94 岁的曾祖母听说汉姆创造了吉尼斯纪录，特
意从 100 公里外的格拉斯堡徒步走来，她想以这一行动，为汉姆的
纪录添彩。谁知这一异想天开的想法，无意间竟创造了一个百岁老
人徒步 100 公里的世界纪录。

一位记者问她："当你打算徒步而来的时候，你是否因年龄
关系而动摇过？"老太太笑着说："小伙子，打算一口气跑 100 公
里也许需要勇气，但是走一步是不需要太大勇气的。只要你走一
步，接着再走一步，然后一步再一步，100 公里也就走完了。"
恐高症康复协会主席诺曼斯紧接着问伯森·汉姆："你的诀窍是
什么？"伯森·汉姆说："我和曾祖母一样，虽然我害怕 400 米高
的大厦，但我并不恐惧一步的高度。所以我战胜的只是无数个
'一步'而已。"

贝利的一千个球并不是一场比赛踢进的，比尔·盖茨的财富
也不是一天就变成的，所有大厦的建成都是靠着一砖一瓦堆积起
来的。我们总是喜欢细数别人的成就，但却总是忽略了在所有一
举成名的背后都有一个长期积累的过程。每一次大的成功，往往
都是由许多已有的、常常为肉眼所看不见的小的成功积累的结
果。正是那些微不足道的小成功慢慢地聚合，才产生了而后更大
的成功。

我们当中很多人总是喜欢慨叹自己的命运不好，一件事努力了
三天还没有成果就开始抱怨，这样的人是永远也做不出什么大事业
的。因为他们没有重视积累的作用，没有意识到所有大的成就都来

自于小的努力。

任何成功的获得，都是不断战胜困难的结果。我们需要积累无数个一小步、无数个小成功，一个小成功并不能改变什么，但无数个小成功加起来就可以让我们成为巨人。

因此，让我们更有耐心吧，只有循序渐进才能走得更远。当然，我们并不排斥用百米的速度去奔跑，但前提是终点也应该只在百米之外，但如果路程是一个马拉松，而你却非要用百米去跑的话，那么估计你最多也就跑一百米。

6. 有劳不一定有获，不劳却一定不获

伟大的成绩和辛勤的劳动是成正比的，有一分劳动就有一分收获，日积月累，从少到多，奇迹就可以创造出来。

——鲁迅

有句话叫做"天下没有免费的午餐"，对于这句话，我们每个人都耳熟能详，但却并非是每个人都能够切实理解的。

这句话在字面上没有什么不好解释的，无非是说这世上的成功没有任何一种是毫不费力就可以得到的，想要获得成功就必须努力。这句话是如此地简单，道理也是如此浅显易懂，但就是有人不能切实地理解，并非不懂，而是不接受。

在美国得克萨斯州有一位名叫布里埃拉的女孩儿，她出生在一个中产阶级家庭，生活条件非常优越，父亲是名医生，母亲也有着非常体面的工作。

在如此衣食无忧的环境下长大，布里埃拉是完全有机会实现自己理想的。她从念小学的时候起，就一直梦想着能够成为一名电视节目的主持人，像她的偶像奥普拉·温费瑞一样，成为全美电视观众的宠儿。

布里埃拉觉得自己在主持方面具有他人难以企及的天赋，因为每当她和别人相处时，即便是陌生人也都愿意亲近她和她长谈。她知道怎样从人家嘴里套出心里话。她的朋友们称她是他们的"亲密的随身精神医生"。她自己常说："只要有人愿给我一次上电视的机会，我相信我一定能成功。"

但是，有着如此天赋的她最终却成了一名护士。原因是从高中到大学再到就业这段时间，她一家电视台也没有找过，她只是静静地等在那里，等待"伯乐的出现"，希望一下子就当上电视节目的主持人。

但要知道，电视台是完全不缺人才的，就算是再好的主持人也是从基层做起，一步步选拔上来的。在这种情况下，不屑于干基层工作的布里埃拉想要一步登天成为当红主持那无异于白日做梦。终于，随着年龄的增长她的梦想最终离她远去了。

如果我们注意观察就能看出，我们身边的那些成功者都总是显得非常忙碌，而我们身边的那些失败者则总是非常悠闲，整天显得什么事也没有。但其实正是他们不同的生活态度才造就了他们不一样的人生。

这是因为悠闲的人总是习惯于等待机会的降临，而不懂得去寻找机会；而忙碌的人则知道天下没有免费的午餐，他们从来都不指望运气的降临，只是忙于解决问题，忙于把事情做好。求人不如求己，他们自己的努力最终也成就了他们自己。

在美国密苏里州，有一个从小就喜欢在唱诗班唱歌的孩子，他很喜欢歌唱和表演，并梦想着有一天能够站在世界最炫目的舞台好莱坞。高中毕业之后，他选择进入密苏里大学主修广告美术设计，而在大学只差两星期就毕业时，他收拾起所有的东西，装上他的破车，奔向好莱坞寻找成为影星的梦想。

当时他骗父母说他去就读帕萨德纳的艺术中心设计学院，而实际的情况是他成为一名好莱坞的侍应生，替客人开门，做加长轿车司机，甚至是扮演卡通人物，这些都是为了等待一个登上银幕的机会。

因为没有空闲的时间和可靠的经济来源，他只能晚上在大学的舞台艺术系上夜校。毕业之后，他便开始四处试镜谋职，跑遍了好莱坞的每一家电影公司和电视台。但是，每一个地方的经理对他的答复都差不多："没有几年经验的人，我们是不会雇用的。"

但这些拒绝并没有让他气馁，他继续寻找自己的机会，终于在一个不出名的电影中他得到了一个小角色。为了这个得来不易的小角色，他倾注了自己全部的精力，但不幸的是，与该电影的黯淡一样，他也并没有获得多少人的关注。但是他的敬业精神却得到了导演的认可，之后在一些电影和电视剧中，他屡屡获得出镜的机会，虽然都是一些不重要的配角，但却大大地磨炼了他的演技。

在不断的坚持中，转机终于到来了。1991年一部名为《末路狂花》的电影选中了他。在剧中他扮演了一个血气方刚的角色。这一次，他高超的演技引起好莱坞和观众的注意，终于，他的星途被打开了。这个人的名字叫布拉德·皮特，好莱坞当红明星。

布里埃拉之所以失败，在于她只会做白日梦，而布拉德·皮特之所以成功，在于他懂得努力和坚持。在现实中，我们努力并不一定会得到我们想要的，因为成功并非一蹴而就，但每努力一点就离成功更近了一步。而如果我们不努力的话，那成功是肯定会越走越远的，因为时光可是一直在流逝的。

我们能够让成功成为生活中的组成部分，也能够只躺在幻想的泥潭里打滚；我们能让今天的梦想成为明天的现实，也可以让今天的梦想成为明天的悔恨，这一切都掌握在我们自己手中。世上没有免费的午餐，是饱食一生还是饥寒交迫，全靠我们自己。

7. 人无恒心，百事难成

学习这件事不在乎有没有人教你，最重要的是在于自己有没有坚持下去的恒心。

——吴承仕

在实现理想的道路上，只有方法和动力是不够的，还要有能够把努力坚持下去的恒心。

"人无恒心，必无恒产"，这句话的意思是说一个人如果没有恒心做保证的话，是不可能建立起一番扎实的事业的。"三天打鱼，两天晒网"，这就是没有恒心的表现。

《孟子》里面有这样一个故事：

春秋时期的奕秋是当时诸侯列国都知晓的国手，棋艺高超。《奕秋旦评》推崇他为国棋"鼻祖"。

　　由于奕秋棋术高明，当时就有很多青年人想拜他为师。在这些想拜他为师的人当中，奕秋选择了两个天分最高的收为徒弟。

　　这两个徒弟中，一个诚心学艺，听奕秋讲解弈棋的知识从不敢怠慢，十分专心，几年如一日地研究棋局。而另一个则不然，他大概是只图奕秋的名气，虽拜在门下，却并不下功夫，刚开始时候的表现还能和第一个人一样，但没过几天就开始有了变化，奕秋讲棋的时候，他总是表现得心不在焉，探头探脑地朝窗外看，想着大雁什么时候才能飞来，飞来了好张弓搭箭射两下试试。

　　最后，这两个人所取得的成就也自然是有着天壤之别的。虽然同在学棋，同拜奕秋为师，但有恒心的前者最终学有所成，而三心二意的后者却白白浪费了几年的时间，并未能领悟到棋艺的真谛。

　　大作家高尔基曾经说过："一个人是可以做到他想做的一切的，需要的只是坚忍不拔的毅力和持久不懈的努力。"恒心是一切成功的来源，只有有了恒心做保障，才能够保证人的脚步总是朝着既定的目标前进。

　　约翰逊是一位平凡的美国人，他以母亲的家具做抵押，得到了500美元贷款，开办了一家小小的出版公司。

　　他创办的第一本杂志是《黑人文摘》。为了增加发行量，他有了一个非常大胆的想法：组织一系列以"假如我是黑人"为题的文章，请白人在写文章的时候把自己摆放在黑人的位置上，严肃地来看待这个问题。

　　他想，如果请罗斯福总统的夫人埃莉诺来写一篇这样的文章是最好不过了。于是，约翰逊便给罗斯福夫人写了一封请求信。

罗斯福夫人给约翰逊回了信，说她太忙，没有时间写。约翰逊见罗斯福夫人没有说自己不愿意写，就决定坚持下去，一定要请罗斯福夫人写一篇文章。

一个月后，约翰逊又给罗斯福夫人发去了一封信。夫人仍回信说太忙。此后，每过一个月，约翰逊就给罗斯福夫人写一封信。夫人也总是回信说连一分钟的空闲也没有。约翰逊依然坚持发信，他相信，只要坚持下去，总有一天夫人是会有时间的。

一天，他在报上看到了罗斯福夫人在芝加哥发表谈话的消息。他决定再试一次。他拍了一份电报给罗斯福夫人，问她是否愿意趁在芝加哥的时候为《黑人文摘》写那样一篇文章。

罗斯福夫人终于被约翰逊的坚忍感动了，寄来了文章。结果，《黑人文摘》的发行量在一个月之内由 5 万份增加到 15 万份。后来，约翰逊的出版公司成为美国第二大的黑人企业。

所谓"精诚所至，金石为开"，约翰逊用他的恒心最终打动了罗斯福总统的夫人，达到了自己的目的。著名电影《肖申克的救赎》被很多人奉为经典，在这部经典电影的男主角安迪的身上就处处体现着恒心和毅力。为了得到议会赞助监狱图书馆，安迪用了 6 年时间来写信；而他最后越狱的坑道，也是用了十几年才挖成的。试想如果没有恒心，安迪很可能一辈子都要关在监狱里，浑浑噩噩地过完下半生。

我们中国人崇尚"厚积薄发"。一鸣惊人是每个人的梦想，但要知道在做到这一点之前，是要经过长时间的积累的。

大的成功，是很多次小成功积累的必然；一时的灵感，是长时间酝酿的霎时爆发。所有的成功都是经过很多的积累而成的，积累使人经历丰富、学识渊博，只要积累众多能量，终有一日会由量变到质变，实现质的飞跃，从而一举成功。点滴小事能长期坚持，离大功告成就会近在咫尺。万事从小事做起，积累小成功，问鼎大成功，是成功者的秘诀。

第 11 章

学会读书

　　古往今来，人们对书已不知有过多少礼赞。的确，书是我们人类拥有专利的恩物，对很多人来说，书还是他们崇拜的神圣对象。但是，如果我们脱离了实际、脱离了现实生活这本大书，轻则使自己成为书呆子，重则形成所谓"本本主义"、"教条主义"和"唯书"的作风，误人子弟，贻害无穷。

1. 尽信书则不如无书

读书应自己思索，自己做主。

——鲁迅

书是人类进步的阶梯，是人类文化传承的载体，没有书籍就没有文明的传播，不读书也就不知道何为文明。俄国大教育家赫尔岑说过：一个人不去读书就没有真正的教养，同时也不可能有什么鉴别力。我们纵览中外，凡成大事者，无一不是苦读之人，放眼中外，凡是那些富强的国家，无一不把书籍和教育看得很重。

但是，很少有人提倡死记硬背的填鸭式教育。为何呢？原因是这世上没有一本书是万能的，每本书都有着自己的局限性，如果抱定一本书，只顾搞"本本主义"，那么和不读书是没有任何分别的。因此我们可以看到，那些有过突出成就的学问大家无不是在博览了群书之后又对书籍展开了理解和批判，进而形成了自己独到的见解。

北大前校长、史学家傅斯年先生就是一个懂得批判书籍的人。在民国时期，中国史学界的研究方法大多还是以发掘"故纸"，从旧有的诗书典籍中寻找历史的蛛丝马迹为主。面对这种情况，傅斯年认为，旧有的诗书典籍也是人写的，就难免产生受主观因素影响出现曲笔、纰漏、断章取义等现象，既然如此，那就不应对旧有典籍全盘接受，而是应该用一种怀疑审视的眼光去看待它们，最好要有实物实地的验证。

傅先生有一句名言："上穷碧落下黄泉，动手动脚找东西。"在他看来，书本上记载的事迹只要是未经考据的，就都是虚假的，起码是存在疑问的。为此他大力提倡考据，并利用一切机会寻找甄别材料，终于，在他的主持和影响下，中国史学界出现了一个新的研究派别——考据派。

孟子说"尽信书不如无书"，毛泽东也非常喜欢这句话，他经常用这句话教育身边的人，告诉大家不要迷信书本，不要盲目读书，要善于发现书本中的问题，在现实中检验它们、论证它们，并由此拓宽学习的领域和范畴，培养良好的学习习惯。

毛泽东在青年时看到一本书或者一篇文章，都总要针对里面的见解提出自己的看法和理解。在他存世的大量读书批语中，提出了许多新颖的见解。可以说，这与他采用"质疑读书法"不无关系。

书是我们学习知识的载体，但如果我们把眼界局限在一本书中就难免会让思维越来越偏激。在这种情况下，对书本中的知识大胆怀疑、小心论证，就可以帮助我们摆脱"本本主义"对自己的影响，进而跳出局限，开拓新的知识领域。其实在人类历史上，很多伟大的成就就是从对书本的怀疑和论证开始的。

《徐霞客游记》是中国最早的一部比较详细记录所经地理环境的游记，也是世界上最早记述岩溶地貌并详细考证其成因的书籍，在世界历史上有着非常崇高的地位。不过很少有人知道，《徐霞客游记》的形成是来自于对书本的怀疑。

《徐霞客游记》的作者徐霞客家境富裕，饱读诗书。有一次他读《禹贡》，当读到"岷江导江"之说时心里暗暗产生了怀疑。这时知道了此事的父亲便鼓励他自己去求证，在父亲的鼓励和资助下，他只身赶赴川藏，寻找长江的源头，经过几年的艰苦跋涉，他终于得到了自己的答案——考证出金沙江是长江源头的新结论，震惊了当时的学界，也使人们对长江源头的探究向前迈出了一大步。从此开始，他也开始了一段不一样的人生。

宋人程颐和张载就分别说过，"学者要会疑"和"在可疑而不疑者，不曾学；学则须疑"。其实学要存疑不单单是为了开拓新的学习境界，完善自己的思想，有的时候，大胆怀疑书本中的疑点也是为了避免发生不可挽回的错误。

明朝时，杭州有一位医生给病人诊完脉后，随手开了一个药方，其中有药引子"锡"。正巧，这个方子被一位叫戴原礼的医生看见了，戴原礼没有见过谁用"锡"做过药引，因此便有些怀疑，赶忙跑去问那个医生开这个药引的依据是什么。那个医生慢悠悠地从身后拿出一部医书，理直气壮地对戴原礼说："你拿去自己看吧。"

戴原礼拿过书来一看，书上确实是这样写的，但是他仍然不能相信这从未见过的做法。于是，为了弄清楚这个问题，他跑回家翻阅了大量的医书。结果发现在另一版本上写的药引子是"饧"。那时，"饧"是糖的古体字。戴原礼终于弄清了这是翻版重印时的错误。由于戴原礼的质疑，避免了一次"医疗事故"。

对书的盲从是最害人的，上面的故事中如果不是戴原礼大胆怀疑的话，很可能那位病人的性命就折在那个庸医之手了。

盲从医术的医生是庸医，那么盲从其他书籍的人就是庸人。先贤写书是为了让后人借鉴，而不是让后人死记硬背的。因此，大胆怀疑，小心论证，这不但不是对著书者的不敬，反而是秉承了严谨的求学精神，而也只有在不断的怀疑中，我们的文明才会得到长足的进步。

2. 读书而不思考，等于吃饭而不消化

硬塞知识的办法经常引起人对书籍的厌恶，这样就无法使人得到合理的教育所培养的那种思考能力，反而会使这种能力不断地退步。

——林语堂

理学宗师朱熹说过：读书譬如饮食，从容咀嚼，其味必长；大嚼大咽，终不知味也。朱夫子这句话的意思是读书务求细致，要像吃饭一样做到细嚼慢咽，只有这样才能够让读书有意义，而一味地囫囵吞枣虽然也可"吃"个"肚儿圆"，但却吸收不到真正的知识。其实，在我们古代先贤的眼中，把读书和吃饭联系到一起的远不止朱夫子一人。

相信很多人都对鲁迅先生的文章《三味书屋》有很深刻的印象。三味书屋是鲁迅先生的授业恩师、绍兴名儒寿镜吾先生的书斋，书斋门口有一副楹联：至乐无声唯孝悌，太羹有味是读书。

宋代李淑著的《邯郸书目》中有这样一句话："诗书味之太羹，史为折俎，子为醯醢，是为三味。"三味书屋和门前的楹联便因此而得名。太羹指的是肉汤，折俎指的是带骨头的肉块，醯醢指的是肉酱，李淑用这三种肉的形式来比喻经史子集各种书的不同，读不同的书需采用不同的方法。

但无论是对何种书用何种方法去研读，我们都可以从李淑的话中看出他的观点，那就是对于读书，是细细研读也好，是一目十行也罢，但读后的思考都是必不可少的。

古人说"读书使人明智"，但光读书并不能让人聪慧多少，真正能让人从精神上得到提高的是读书之后的吸收，也就是思考。好读书而不求解就像是喝白开水一样，也能喝得很饱，但却不能给自己提供任何营养。

对于读书和思考，哲学家叔本华有过这样的比喻：读书不思考就像小孩不学会自己走路，整天被人搀扶，这样读的书越多，反而会变得越愚蠢。

叔本华的话是很有道理的。在我们读书时，是别人在代替我们思想，我们只不过重复他的思想活动的过程而已，犹如儿童启蒙习字时，用笔按照教师以铅笔所写的笔画依样画葫芦一般。我们的思想活动在读书时被免除一大部分，因此，我们暂不自行思索而拿书来读时，会觉得很轻松。然而在读书时，我们的头脑实际上成为别人思想的运动场了。

所以，读书愈多，或整天沉浸于读书中的人，虽然可借以休养精神，但他的思维能力必将渐次丧失，此犹如时常骑马的人步行能力必定较差，道理相同。

近代原子核物理学之父欧内斯特·卢瑟福是一位特别注重思考的科学家。有一个休息日，他来到实验室"加班"，一进门就看到空荡荡的实验室中有一位学生正在埋头做实验，他知道那个学生本星期的七天都泡在实验室里。

卢瑟福朝那个学生走了过去。看到老师朝自己走过来，那学生一阵兴奋，心想老师看到自己如此地勤奋肯定会表扬自己的，但他没有想到的是，卢瑟福非但没有给予表扬，反而厉声责问他："你一天到晚都在做实验，什么时间用于思考呢？"听了老师的话，学生目瞪口呆，赶忙收拾东西消失了，从此以后再也不敢在老师面前装勤快了。

读书固然需要下功夫，但读书之后的思考也是需要我们重视起来的，孔子说"学而不思则罔，思而不学则殆"，意思就是在告诫我们，学习而不去思考，就会陷入迷茫；只空想而不学习，那就会懈怠而无所得。

书是人类智慧的结晶，每当我们读一本好书，就能增长知识，拓宽视野，丰富情感，陶冶情操，充实涵养。读了一本好书，就好像在与一个智者交流、探讨、学习，与作者进行心灵的对话，能促进自己逐渐进行深入的思考，提高自己的审美能力、思考能力和判断能力。但无论是哪方面的提升，都建立在我们进行思考的前提上，要记住，读书重在思考，你自己不动脑子，没有人帮你想事情。

3. 运用知识才有力量

学生在学校时，令其研究一切社会应用之事，则学校愈多，国家愈进步。总之，学校与社会万不可分离：在学校时，于社会应有之知识研究有素，毕业后断不患无人用之；在学校养成一种活动之能力，将来在社会上可以不必求人，亦足自立。

——梁启超

"知识就是力量。"这是英国人文学家弗朗西斯·培根说过的一句话。千百年来，这句话都被读书人奉为至理名言，成为引领人走向读书道路的动力。但是，很多人在掌握了很多知识之后却发现，自己并未像培根所预言的那样拥有力量，反而在很多方面尚且不如那些没怎么读过书的人。这些人因此对读书的价值产生了怀疑，一时间"读书无用论"甚嚣尘上。

其实，培根这句话并没有错，知识是掌握力量的途径，而真正想要拥有力量除了掌握知识之外，还要能够利用知识。知识就像是一件武器，我们把它放在那里是没有任何作用的，但拿起使用它，则可以帮助我们保家御辱、上阵杀敌。

在关键时刻挽救中国共产党的毛泽东就是这样一个掌握知识又能运用知识的人。毛泽东曾经在北大当过图书管理员，对于很多书籍都有涉猎，尤其是中国古代的史书诸如《资治通鉴》等更是爱不释手。在党最危难的时候，毛泽东站了出来，他挽狂澜于既倒，扶大厦于将倾，结合中国当时的国情制定了新的发展方向，让中国共产党重新回到了正常发展壮大的轨道上来。

同样是一本书，同样的知识，但在不同人的手中就能够取得不同的效果，这就是运用程度的不同了。会读书的人能够把知识变成力量，推动自己走向成功；但不会读书的人却让知识变成垃圾，只会卖弄似的在别人面前显摆，引来嘲讽和厌恶。

我们都遇到过这样的人，他们自恃念了几年书，在所有问题上都要发表看法，对所有问题都说得头头是道。无论别人做什么，他们都要站在一旁指指点点，而如果别人做错了什么，他们则会冷嘲热讽，鄙视之情溢于言表，可是只要你让他亲自做些什么，那他顿时就会洋相百出，什么都做不好。对于这样的人，我们真是避之唯恐不及，但他们还总是出现在需要帮忙的地方来添乱。

这样的人就是典型的掌握知识但不会运用知识的人，知识在他们的手中只是用来炫耀的工具，起不到任何实际的作用。而只要注意观察，我们就能发现这类人几乎不会取得任何骄人的成绩。

美国《财富》杂志曾经做过一份调查，在调查中有这样的显示：全美国 80％的财富仅被少数的 20％的人拥有，余下的 20％的财产却被占人口 80％的人拥有。杂志说：即使我们将全国的财产平均分配，每人一份，那么若干年后，美国社会依然会被二八分配规律所控制。这也就是说有少数人能长保成功，他们始终取得与众不同的成就。

那么我们就不禁要问了，到底是什么因素决定了他们始终能取得与众不同的成就呢？这就要从那 20％的富人的构成说起了，据《财富》杂志统计，这 20％的富人来自于各行各业，民族、性别、性格、年龄等因素也千差万别，但有一样是这些人中绝大多数都具有的，那就是超于常人的知识。

知识就是财富，这句话的出处我们找到了。但是，我们仍不禁疑惑，在美国拥有大学学历的人比比皆是，那么为何不是所有掌握知识的都拥有财富呢？而这 20％的富人当中也有一部分人并没有受过良好的教育，这又是为何呢？其实很简单，掌握知识并不足以致富，致富的真正手段是在掌握知识的前提下能够合理地运用知识。

知识本身是没有力量的，关键在于掌握知识的人怎么运用，有的人用得好，力挽狂澜；有的人用不好，搬起石头砸了自己的脚。因此对于我们来说，掌握知识固然关键，但更关键的是能做到知行合一，把知识用到行动上。

同样是格雷厄姆的投资学理论，巴菲特掌握后成了世界首富，有的人掌握后却成了骗人的股评。一样的知识不一样的运用就能得到截然不同的结果，是成为被人羡慕的富翁还是成为让人唾弃的骗子，选择就在你自己手中。

4. 坏书如同坏朋友，使我们堕落

阅读一本不适合自己阅读的书，比不阅读还要坏。我们必须会这样一种本领，选择最有价值、最适合自己所需要的读物。

——杜威

读书是人进步的阶梯，一本好书可能会给人生带来转机，让人的前途豁然开朗，但一本不那么好的书却可能给人生带来厄运，让人掉入无底的深渊。读书固然是件好事，但如果选择不对，却可能把好事变成坏事。

意大利有句谚语是这样说的："一本坏书，比十个强盗更坏。"坏书的可恶，在于它告诉你错误的概念，让读者误入歧途而不自知。

美国也有一句谚语："选择书籍，不次于选择朋友。"对于爱读书的人来说，岂止"不次于"，应该说"更甚"。因为朋友对于你来说是平等的关系，而书籍，却往往在你的人生中充当着导师和精神支柱的角色。

坏的书籍利用你对它的崇拜心理，凭借着它那系统的知识和美丽的辞藻，像牧师或美女蛇似的，引导你走向深渊。读者要摆脱坏书的误导，不仅要承受情感的折磨，而且要有足够的识别能力。而这对于那些没有独立思考和鉴别能力的读书人来说，往往是不容易做到的。因此，我们总是能够看到，一些教育前辈才会不厌其烦地开列出不宜阅读的书籍，以便让好读书但又不会选择的人能够规避。

曾经有人为不适宜阅读的书籍开列过清单，在他们的清单后面，唯恐列之不详，作者还把这些书统一归为了两类，以便读者自己评测。

第一类是色情和暴力的书籍。因为色情和暴力的书籍总是能吸引一部分人的，因此这类书是屡禁不止的。对那些"精神垃圾"，我们还是比较好确认的，但重要的是要抑制住心中对它的好奇感和欲望，接触到这类书时要果断地拒绝。

第二类是那些歪曲事实真相，错误地、虚假地反映社会和人生的书籍。那些说大话、空话、套话、废话，貌似"绝对真理"，实则空洞无物的书，那些无真知灼见，无真情实感，人云亦云的书，那些把别人的作品汇集成一部大著作的作品，那些貌似新颖实则低劣的赝品等，都不值得一读。

1923 年时，北大校长胡适先生曾经应清华大学学生之邀，开列过一个"最低限度国学阅读书目"，因此还和时任清华大学导师的梁启超先生发生过一段笔战，一时引为佳话。胡先生和梁先生都是当时的重要学者，为何不厌其烦地为小小的书单而争执呢？就是在于两位学者都是对青年人负责任的，有着选择好书、规避坏事的急切心理。

中国古代典籍汗牛充栋，不可胜数，到了现在，市场上的书也越来越多，可供阅读的好书变多了，那么滥竽充数的坏书自然也相应地多了起来，对于图书的甄别，又一次成为读书者一项重要的工作。

为何要选择书来读？一是要规避坏书；二是要选择有用的书。有些书很好，但并不适合每一个人读。哲学家叔本华说过："如果一个人要想读几本好的书籍，你就必须下决心避开那些无用的书籍：因为生命是短暂的，人的时间和精力都有限。"

利希滕贝格说过："书是一面镜子，如果一头蠢驴往镜中看，你不可能发现里面会映出一个圣徒。"我们没有人想成为蠢驴，那么就必须在一开始选择书籍上面就下足功夫，抛弃那些恶劣的无用的书籍，选择对自己最有益的书籍，这才是真正会读书的人。

5. 学会不如会学

培育能力的事必须继续不断地去做，又必须随时改善学习方法，提高学习效率，才会成功。

——叶圣陶

《孟子》里面有这样一句话："君子深造之以道，欲其自得之也。自得之，则居之安；居之安，则资之深；资之深，则取之左右逢其原，故君子欲其自得之也。"这句话的意思就是：作为一个君子，在完善自己方面要懂得最重要的是自学自得，培养自我学习和自我提高的能力。

学习固然重要，但对于立志成功的人，懂得如何学习则更为重要。这是因为人生短暂，能给我们学习的时间并不多，因此只有懂得了如何学习，才能够把有限的时间用到应该用的地方，不至于成为死读书的学习工具。

胡适先生不仅是一位著名的教育家和学者，同时还是一个优秀的诗人、历史学家、文学家、哲学家、红学家和外交家。先生取得这些成就的原因，根本就在于他懂得学习的方法。先生早年师从于世界著名教育家美国人杜威，对他的实验主义笃信不疑，提倡学习应该从自身实际情况出发，根据自己的情况选择学习方法。在这样的思想指引下，先生告别了中国传统文人死记硬背和埋首故纸的刻板方法，总结出一套适合自己的边记边论边理解的方法。此方法一经实践，立即让先生的求学效果事半功倍，从而成就了先生学一门专一门的品质。

学习无万般不变之法门，为何国内外历代的教育家和科学家都是提倡和重视自学，这就是因为针对不同的人，学习方法也是不同的。理学家朱熹曾经强调："读书是自己读书，为学是自己为学，不干别人一线事，别人助自家不得。"他把学习比作饮食，"不能自待别人理化，安放自家口里"。

我们知道，有一种填鸭式的教育，把老师懂得的只是原封不动地全部塞进学生的脑子里，用死记硬背的方法让学生掌握、了解。这样培养出来的学生应付考试是绰绰有余的，但到了需要自己动脑子的时候，却经常会呆若木鸡，做出让人啼笑皆非的事儿来。

曾经有媒体报道过这样一件事，一名女高中生以非常高的分数被某名牌大学录取。入学后，她的高超的学习能力受到了老师和同学们的交口称赞，每次考试的成绩都名列前茅，很受任课老师的喜欢。

但与此同时，班主任、辅导员却为她感到头疼，因为她的社会实践能力太差了，从没见过她参加社团的活动，每每询问她为何回避社团，得到的答复却总是："从没有人来要求我加入啊！"一天系里要求每位同学交一份社会实践报告，结果别的同学全都交上去了，只有她没有交。老师找她询问原因，得到的答复是："没有人教过我如何写实践报告啊！我也从来没有过社会实践，社会实践是课程的一部分吗？"

面对她这些让人哭笑不得的问题，老师真是为她的以后担心：现在就如此了，那么以后到了工作岗位上，难道每项工作又都要别人手把手地来教她吗?

学习的目的在于自立,所谓"授之以鱼莫若授之以渔"就是这个道理。我们在社会上立足,总是需要不断面对新的问题的,在这种情况下,掌握获取知识的方法要远比掌握知识本身更加重要。著名历史学家和文学家郭沫若说过:"教育的目的是养成自己学习,自由研究,用自己的头脑来想,用自己的眼睛来看,用自己的手来做的这种精神。"只有拥有了这种精神,我们才能够保证在社会上立足,也才有实现理想的可能。

列宁 17 岁进喀山大学法律系学习,不到半年就因参加革命活动而被学校开除学籍,被流放一年。后来他用了一年半时间自修完大学法律系四年的全部课程,21 岁时以"校外生"的资格在彼得堡大学参加了法律系的毕业考试,14 门课程,门门考第一,获得了甲等毕业证书。

列宁能做到这些,可完全不是因为死记硬背,也不是能够"按要求完成老师布置下的所有任务",而是他有一种自学的方法,懂得如何自我提高。

学习对于不同的人是应该有不同的方法的,陶渊明说"好读书,不求甚解",朱熹说"字字锱铢,句句箴言",两个人都是古今难得一见的大学问家,但学习的方法却是截然相反的。这就说明,在学习领域是没有哪一条道路是适合于每一个人的,人只有找到了属于自己的道路,才能登上顶峰。

梅花香自苦寒来,寻找学习的方法是一个十分艰苦的过程,需要付出艰苦的劳动,需要坚强的意志与毅力。但是,一旦寻找到了属于自己的方法,那就像练功寻得了法门,从此无论任何"秘籍",都能融会贯通以至于无敌于天下。

6. 莫仅在学校学习，更须在生活中学习

进大学固然可以学到知识，可不能说不进大学就无法学到知识。学习是自己的事。

——叶圣陶

毛泽东曾经说过，"要在战争中学习战争"，为何他有如此的言语呢？其实这是结合他自己的亲身经历得来的。

我们都知道，毛泽东毕业于湖南第一师范学校，终其一生也没有经历过任何军事教育，但就是这样一个军事的门外汉，却成功领导了红军多次的反"围剿"，挫败了国民军扼杀红军的计划。国共合作以后，面对当初参与"围剿"红军却一个个败在自己手下的众多黄埔高材生，毛泽东以上面那句话激励八路军指战员，不要因为没有过专业的训练和学习就自觉不如别人，要积极在战争的实践中领会战争的真谛，磨炼自己的战略战术，进而打败那些只知道纸上谈兵的"赵括"们。

毛泽东的教导放在今天仍然合适，当然这不是要让我们去学习战争，而是通过这句话我们应该了解到另一个道理：学校里、课本上学到的知识终归是呆板的，很多时候遇到现实情况就变得不灵了。因此在学校里学习基本的文化知识之外，一个懂得学习的人也会注意投身于社会，在社会的历练中检验已学到的知识，掌握学校里学不到的知识。

注意在生活中学习还有一个重要性，那就是无论学习何种知识，我们最终的目的都是应用，没有人会因为学习而学习，所以注意把

257

学习带入生活中也是我们以后能够更好地融入社会的需要。

我们也经常会看到这种情况：掌握了越多知识的人反而越显呆板，这就是因为他们只注重学校里课堂上的学习，不了解生活中的问题，结果知识越多反而越与生活格格不入；而另一个经常参加社会活动的人，因为常能得到实践机会，不仅提高了学习的积极性，还能够促使他转变思路，进而有利于更深入的学习和研究。诺贝尔化学奖得主、著名物理学家欧内斯特·卢瑟福就是这样一个例子。

1871年卢瑟福出生于新西兰的一个小村庄里，他的父母是苏格兰移民，因此还保持着苏格兰人的勤劳、淳朴的传统。在父母的影响下，卢瑟福从小就懂得一个道理：要想生活得好一点，就得自己动手、动脑去创造，需要踏踏实实地做事。

农忙时卢瑟福会帮父母耕地、播种、收割、晒谷，闲时他就会邀小伙伴一起下河捕鱼，上山打猎。在劳动和玩耍中，卢瑟福体会到了互相帮助、团结协作的重要性，这些为他以后组织和领导科研团队打下了良好的性格基础。

卢瑟福的父亲是一个聪明又肯动脑筋的人，勤奋又有创造性。在开办亚麻厂时，他使用几种不同的方法浸渍亚麻，利用水力驱动机器，选用本地的优良品种，结果他的产品被认为是新西兰最好的一类。他还设计过一些装置以提高工作效率。在父亲潜移默化的熏陶下，卢瑟福也喜欢动手动脑，他对周围的一切都感兴趣，年龄愈大愈显现出非同寻常的创造天赋。

童年时代的卢瑟福曾发明了一种可以发射"远射程炮弹"的玩具大炮，还巧妙地设想出增加"炮击"距离的方法。稍大一些后，他修好了他们家一个用了几十年的坏钟，这是全家人都认为无法再修只能报废的钟。结果，钟不仅修好了，还走得很准。为了满足自己照相的欲望，他靠自制的材料和买来的几块透镜，制造出了一架照相机。有了自制的照相机，卢瑟福自己冲洗、显影，成了一个十足的摄影迷。

卢瑟福这种自己动手制作、修理的本领，对他后来的科学生涯起了极大的作用。他总可以设法在自制仪器和改进实验方面弄得有声有色。

古人云"书中自有黄金屋，书中自有千钟粟"，不错，一切的文明和成果都是由知识得来的。但要知道，把知识放在那里可是什么也产生不出来的，只有把知识和生活结合起来，才能够产生"化学反应"。

打开课本，是人获得知识的第一步。合上课本走出课堂，则是一个人获得成长的第一步。知识只有经过了现实的检验才能真正学以致用，而我们也只有经过生活的锤炼，才能真正成为一个有用的人。

7. 学习不会创造，一生将永远是模仿和抄袭

处处是创造之地，天天是创造之时，人人是创造之人。

——陶行知

我们中国有句古话叫做"青出于蓝而胜于蓝"，这句话用在学习上面就是指一个人在学习的基础上应该有所发扬，争取要超过你所学的范畴，得到新的见解。为何我们一再强调这样一句话呢？那就是因为只有不断创新，才会有进步。无论是一个民族还是一个人，

如果只知道继承而不知道发扬的话，那就无异于让一个败家子守着一座金山，无论这座金山有多大，他早晚都会坐吃山空的。

当年蔡元培先生在北京大学提倡兼容并包，就是要让学生在不同的思想中寻找到自己认同的再加以创造。因此我们能够看到，二十世纪二三十年代北大的那些毕业生，几乎个个都是非常有个性的，很多还成为后来各行各业的开创者，这与蔡元培先生所提倡的包容和发扬精神不无关系。

在学习的过程中，很多著名的教育家都提倡人要养成独立行知、展示自我的意识，凡事不依赖别人，而要发挥自身的潜力开拓创新。作家李敖曾经讲过这样一个发生在他身上的故事。

在他还在上中学的时候，有一天读到国学大师钱穆的作品，发觉对方有一个观点似乎不太正确，于是就查阅典籍，终于找到了推翻钱穆这个观点的证据。他怀着忐忑的心情把自己的论点寄给了钱穆，当时钱穆已经是一个享誉中外的大学问家了，而他李敖只是一个小小的高中生，但没想到的是，钱穆得到信之后却非常惊喜，在回信中不仅承认了自己的错误，而且对李敖这种怀疑的精神大加赞扬，并鼓励李敖坚持下去。

正是在钱穆的这种鼓励和支持下，李敖坚定了质疑与创新的思想，终于成为一代大师。时至今日，连李敖自己都承认，在自己的求学生涯中，钱穆先生是起了不小的作用的。

就学习而言，它是个不断用理智挑战权威的过程。在学习中，我们不能把自己的自由空间堵死，不能把个性和内心隐藏起来。而要以自我尊重的态度，欣赏自己，期待自己，唤醒内在的学习动机，激发已有的认知经验，这样才能在自觉自愿中独立求索，享受创造成功的愉悦。

日本化学家福井谦一读书时产生了一个大胆的想法："既然有数理物理学，为什么就不能有数理化学呢？"虽然对刚接触理论化学不久的一个大学生来说，这未免有点"狂妄"，但后来作为理论化学一个重要领域的量子化学的产生，充分证实了他将量子力学等当时最先进的物理学理论引进化学研究领域的设想是很有预见性的。

1951 年，他开始了用量子力学理论说明化学反应原理的第一篇论文的构思和撰写工作。化学反应是发生在原子、分子一级上的，但支配原子、分子世界运动的规律是量子力学。这一点，无论是发生在宇宙空间和其他天体的化学反应，还是发生在生物体内的化学反应，都没有什么不同。所以，从原理上说，一切化学反应都可以用量子力学的语言加以说明。这就彻底改变了用经验说明、用实验证实反应过程的传统化学研究方法，使化学研究有了理论指导基础。

然而，在日本国内重应用技术、轻基础理论的环境中，福井谦一的研究并不受重视。甚至当他的上述论文在美国物理学会的《化学物理学》杂志 1952 年 4 月号上发表后，不仅日本国内还有一些人不以为然，甚至他的一些同事和上司也对福井谦一既不热心应用化学的研究又"狂妄"地要创立新的化学基础理论颇有微词。

20 世纪 60 年代以后，他所创立的"前线轨道理论"受到欧美许多著名科学家的高度评价后，他才逐渐得到了日本化学界的承认。此后，他继续进行研究，把新理论的适用范围推广到芳香族碳氢化合物以外的其他各种化学反应过程。由于此项研究成果，1981 年福井谦一荣获诺贝尔化学奖，成为日本也是亚洲第一位荣获诺贝尔化学奖的科学家。

启蒙思想家伏尔泰说过："学习不会创造，一生将永远是模仿和抄袭。"一个完整的学习过程，既要有对既定知识的继承又要有自己的创新。没有继承，过去就没有意义；没有创新，我们就不会有未来。所以一个成熟的学者，必定是一个好学生和好老师的统一体。

但是，我们却不幸地看到，现在很多的学者却只满足于继承，而并不乐于创新。有的学生懂得怎样去书中找现成答案，怎样去应付一场需要死记硬背的考试，怎样把老师、书本上的现成知识储存于大脑中，并在需要时原封不动地再现出来，唯独不善思考。汗流浃背地醉心于墨守成规式的学习，终归是一种懒惰，与学习的目的背道而驰，更无学习效率可言。

接受总是容易的，开创总是艰辛的，但正因为艰辛，才更显出开创者的伟大。没有人走过的路固然难觅，但想到能欣赏到别人从未看过的美景，我们又如何能按捺住心中那份开创者的激情呢？

第 12 章

常怀感恩心，一生无憾事

感恩是一种处世哲学，也是生活中的大智慧。一个有智慧的人，不应该为自己没有的斤斤计较，也不应该一味索取，使自己的私欲膨胀。学会感恩，为自己已有的而感恩，感谢生活给予你的一切。这样你才会有一种健康的心态，才会有一个积极的人生观。

1. 别人的恩泽要牢记

我早年从北师大刚毕业，经冯友兰先生和金岳霖先生推荐，到清华当助教。这是很幸运的事。这也是我一生学术生涯的开始。所以我很感谢冯先生和金先生。

——张岱年

俗话说"受人点水恩，须当涌泉报"，我们中华民族向来是一个注重人情的民族。在家里我们注重亲情，在夫妻间我们注重爱情，而对于那些没有家庭维系的人，我们注重的则是恩情。

我们生活在一个人与人相互交往的社会中，人生在世总难免会受人帮助。对于他人的帮助，我们提倡铭记不忘，以待报偿。在这方面，很多先贤都为我们做出了良好的榜样。

北大校长胡适先生是新文化运动的主将，力主用新道德来代替旧道德。但在对于他人之于自己的恩情上面，胡先生如同一个传统的中国人一样，不曾有丝毫忘怀。这从一件小事上面就可以看得出来。

1950年，傅斯年先生病逝于台北。在傅斯年的追悼会上，胡适先生深情地说道："有人攻击我，傅斯年总是挺身而出，说'你们不配骂胡适'。那意思是只有他配骂我，现在他走了，这世上再也没有骂我的人了。"

原来，在早年胡先生任教于北大期间，傅斯年曾是北大的学生领袖。当时的北大学生中间崇尚一种质疑教授的风气，因此对于很多年轻的老师，学生们都是非常不客气的。但唯独对于胡适，学生们却显得无比老实。一开始胡先生也感到不解，但后来才知道，原来是一个叫傅斯年的学生在暗中保护自己，因此对他产生了深深的谢意，这种谢意也一直伴随了胡先生的一生。

胡适先生向来鄙视中国传统的那些迂腐的道德，但唯独对于傅斯年的"滴水之恩"却"未能免俗"，这是因何呢？主要是在于知恩图报并非迂腐，而是人与人之间健康的感情。人与人之间如果没有了恩情可言，那在维系关系上面就少了一根重要的纽带，会让整个社会都变成冷冰冰的无情世界。

而人与人之间一旦有了恩情，就仿佛一双双无形的手在呵护着我们彼此，那整个社会就将被温暖和情谊包裹起来，成为有爱的天堂。

有对夫妇家里很穷，这一天是感恩节，但他们连饭都吃不上，不知道在这样一个感恩节他们能够感激什么。贫贱夫妻百事哀，这对夫妻刚起床就争吵起来。双方越来越激烈的争吵，让他们的小儿子感到十分痛苦和无助。

然而，奇迹就在此时出现了……

有人敲门，男孩跑去开门。只见门外站着一个身材魁梧的人，他穿着一身皱巴巴的旧衣服，却满脸笑容。孩子很快就发现了他手中的篮子，那里面装满各种节日必备的食物：一只火鸡、塞在里面的配料、厚饼、甜薯及各式罐头，还有一瓶美酒呢！

一家人顿时都愣住了，不知说什么好。这时候来人说道："这份东西是一位知道你们需要的人要我送来的，他希望你们知道还有人在关怀你们。"男孩的爸爸起初还极力推辞，不肯接受这份礼物，但那人却说："好了，我也只不过是个跑腿的。"他带着微笑说了一句："感恩节快乐！"就把篮子交到小男孩的手里转身离去了。

从那一刻起，小男孩的内心发生了极大变化，那一篮子礼物仿佛一粒爱的种子，让他知道人生始终存在着希望，总有人在关怀着他们。那一天，他无比感动，发誓日后也要以同样方式去帮助其他需要帮助的人。

长大后的男孩，通过努力，有了一份不错的工作。他把那粒爱的种子放在了自己的心里。所以每年感恩节，他都会找几户特别需要帮助的人家把礼物送去。

他还记得，当他到达第一家，敲开那破落的房门时，前来应门的是位拉丁妇女，带着不解和提防的眼神望着他。她有 4 个孩子，数天前她的丈夫抛下了他们不告而别，她正陷在深深的绝望中。

年轻人开口说道："我是来送货的，女士。"

然后他转过身子，拿出装满食物的口袋及盒子，里头有一只火鸡、配料、厚饼、甜薯及各式的罐头、饼干、奶粉。看到这些，那女人愣在那里，而孩子们则爆发出高兴的欢呼声。

忽然这位妈妈用生硬的英语激动地喊着："噢！你一定是天使！你一定是上帝派来的！"

年轻人不好意思地说道："不是，我只是个送货的，是一位朋友知道你们需要帮助，就让我送来这些东西。"离开前，他把一张字条和礼物一起交给了那位妇女。纸条上写着：我是你们的一位朋友，愿你们一家能过个快乐的感恩节，今后你们若是有能力，也希望像这样把礼物转送给其他需要帮助的人。

有一位名人说过："一定要忘记的是你对他人的好处，一定要记住的是他人对你的帮助。"对别人的帮助心存感激，让自己的心灵时时感受到温暖和鼓励，在自己有能力的时候去帮助别人。就这样，把爱心像接力棒一样传送下去，让一粒爱的种子在大家的努力呵护下开出更多、更灿烂的花朵。

2. 已经很好了

贪婪会破坏人们的心灵纯质，因为不幸的是，人获得愈多，就愈痛苦，因为贪婪的人总是不能满足自己。

——吴文华

"终日错错碎梦间，忽闻春尽强登山。因过竹院逢僧话，偷得浮生半日闲。"这是唐代诗人李涉一首著名的诗，诗的意思是让人从烦闷和失意中解脱出来，去到一个幽雅脱俗的地方，从而让身心得到休息。

说到修养，世界上没有哪个民族能比我们中华民族更注重的了。譬如饮食、譬如居所、譬如起居习惯，等等，无不是我们中国人所注重的。但如果查究其中最重要的，那就莫过于心境了。而对于心境的修养，最为人所称道的，就莫过于自足了。自足者常乐，自古就被我们奉为至理名言。

民国著名文人林语堂先生是最早强调这一点的，在他的著作《吾国与吾民》当中，他曾经有过这样的论调："然无论如何，倘把中国人和西洋人分门别类，一阶级归一阶级，处于同一环境下，则中国人或许总是比西方人来得知足，那是不错的。此种愉快而知足的精神流露于智识阶级，也流露于非智识阶级，因为这是中国传统思想的渗透结果。"

　　知足的精神是中国传统思想渗透的结果，自然也深深地渗入了林先生的骨子里。林先生早年也曾醉心于民主运动，还曾经赤膊上阵参加学生游行，并因此留下过永久的伤疤。但后来，随着社会形势的恶化，先生不得不避居上海，以写作度日，生活苦闷不堪。

　　但就是在这样的苦闷环境中，先生依然能苦中作乐，这就是由于先生有一种知足的精神了。先生戏言在如此的乱世还能找一隅偏安，写写文章，已经是莫大的欣慰了。在这样的心境下，先生渐渐养成"以自我为中心，以闲适为格调"的文风，进而开创了民国文学史上一个重要的流派——论语派。

　　知足者身贫而心富，贪得者身富而心贫。不是常说知足常乐吗？乐什么，就是乐我们的心富，虽没有多少财产，但我们心无牵挂。可是有些人，明明过着很好的日子，却总是不知道知足，瞧着别人的好就厌弃自己的差。这样的人，即使事事都如他心意，他也总是能够找到不快乐的理由来。

　　我们在日常生活中经常看到这样的例子：本来夫妻俩生活得安详自在，可突然某一天妻子对丈夫说："你看人家隔壁邻居的谁谁谁，买好车买新房，哪像你这样，一个月就挣个三瓜俩枣，还不及人家加油的钱多！"

　　丈夫听了自然脸上挂不住，尽管当时不一定言语，但心中肯定会觉得大不痛快。用不了多久，丈夫一定会怒气冲冲地回骂道："你要是那么想吃好的喝好的，那你就干脆去和谁谁谁过算了。"

　　妻子随便一句比较的话，让丈夫的自尊心受到极大的伤害，由此，妻子在丈夫心目中的印象也减掉不少分，一场家庭纠纷也就不可避免了。

　　何谓知足？知足的第一个境界就是爱惜自己所拥有的。你的眼睛可以看到很远，但很远的景色再好，也是虚幻的，只有你的立足之地才是现实。人的眼睛如果总是向远处看，那么就永远也意识不到现实的美好，自然也就永远不会知足。

在集贸市场上有这样一对卖菜的夫妻，妻子半身瘫痪，只能坐在丈夫蹬的三轮上，而丈夫是个聋哑人，没有办法和人正常交流。就是这样一对残疾的夫妻，每天都带着笑容，仿佛有着一种别人无法领会的幸福。

有人觉得不解，就问那个妻子："你们身上都有着不方便，反而过得比正常人还开心，那是为什么呢？你们难道就没有相互抱怨过吗？"妻子坦然地回答说："正是我们互相都知道各自身体有着缺陷，所以我们更明白对方对于自己的重要。如果没有他，我连最简单的体力活都做不了，而如果没有我的话，他连和别人讨价还价都做不到。所以就算我们之间有什么别扭，但第二天早上推车出来的时候，一切就都烟消云散了。"

这两位残疾人夫妇的生活状况肯定是非常恶劣的，但他们却比很多人都幸福。究其原因就在于他们能够看得到属于自己的生活，并为自己的生活而满意。

知足的更高境界是能把名利得失置之度外，而凡事都能以诚相待的人一生将是快乐的。我们应从平淡的生活中去提炼快乐，比如低待遇下一如既往工作的快乐，助人为乐一介不取的快乐，一片至诚去感化恶人的快乐，热心被人误解依然如故的快乐……

名利是人心中的恶魔，它轻则会使人丧失享受生活的能力，重则会控制人的行为，让人陷入名利的陷阱不能自拔，进而做出令自己悔恨的事来。而知足就是解脱名利心最好的方法，一个知足的人，他是不会对名利产生多大的兴趣的，"得之我幸，失之我命"，有这种心态的人，他哪里还会不幸福呢？

幸福是什么？就是爱你所拥有的，不要为外事迷惑了自己。总之，坦然地面对生活中的一切，别让自己成为欲望的傀儡，这样，快乐自然就会出现在你的心里。

3. 多给予少索求

向人索求的越少，给予人的越多，就越是接近于成功的品质。

——邓光明

《增广贤文》里面有句话叫做"但行好事，莫问前程"，这句话的意思是告诉我们，自身要多做义举，做好当下，而不要去牵挂能得到些什么。一个真正善良的人对于义举的态度应该是施恩不图报，这是我们中华民族的传统，更是以仁为中心的儒家的精髓。

施恩为何不应图报呢？这是因为施是一种给予，是每个人都能做到的，而图则是一种期盼，并不一定就会到来，因此在施恩之后如果希图什么回报的话，不但让施恩没有了本来的善良用意，反而会增加人的心理负担。同理，当我们走入社会，在面对很多人很多事的时候也应该做到这一点，先付出，多给予，而不要讲收获，少些索求。在这些方面，很多先哲都能够成为我们的榜样，比如，哲学大师、北大教授梁漱溟先生。

梁漱溟先生无论在人品上还是在学识上都非常为人称道，先生一生都非常乐于布施，经常接济一些有困难的朋友和学生。在民国时期，因为德高望重，梁先生每月能拿到 300 块钱的工资，这在当时已经是一个非常大的数目了。每次工资领回家，先生只留下 200 元给太太做家用，其余的全都拿来帮助生活有困难的朋友。

不仅如此，先生还给自己立下了一条独特的规矩："送去的钱不要还，但来借的钱则必须讨还。"为何如此呢？因为梁先生明白，施恩应该不图报，因此对于那些困难朋友的接济应完全出于善心，不能有什么索取；而那些向他借钱的人则不一样，他们多是救一时之急，因此他们以后是有还钱的能力的，把他们的钱要回来，以后还可以接济更多的人。

人生真正的意义，并不纯粹是自己得到了什么。在马斯洛的满足理论中，人最大的满足是别人对自己的需要，因此多给予别人一点，我们的生命就增加了一份价值。而且我们生活在社会中，没有人能够完全把自己孤立起来，你给予别人，同样你也在得到别人的给予。因此我们应该相信，给予实际上也是一种收获，有时候，帮助了别人，同时也就成全了自己。

在一个小镇上，住着一名腰缠万贯的富翁，他虽然很有钱，但是为人却很吝啬和小气，而且经常会克扣为他工作的人的工钱。小镇上的人都对他非常不满意。但是他毫不在意，他认为只要自己能多赚钱就够了。

有一天，他的独生子突然患了疾病，他到处寻访名医。吃了很多珍贵的药，但是他儿子的病却丝毫没有起色。这让他焦急万分。这一天，门口来了一个道士，自称能够治病。富翁立刻把他请了进来。道士告诉他，只要他肯多做一些好事，就能够得到上天的赐福，他儿子的病也就能好起来了。

富翁心里虽然很不乐意，但是为了儿子的病，他也只能照做。于是他吩咐下人，把粮食分给镇上穷苦的百姓，给那些衣食无着的人分发衣物，给予钱财。镇上的人虽然不明所以，但是也都去领取。富翁看着自己的粮食和钱财每天往外送，心里如刀割般疼痛，可是儿子的病情还是没有好转。富翁开始犹豫，是不是要继续做下去？

这个时候，道士又出现了，富翁向他抱怨说，自己做了那么多的好事，儿子的病情还没有好转。道士说："这是你心不诚造成的，你在做好事的时候，想着的不是帮助穷苦的人，而是为了儿子的病情，如此不真心，上天怎么会赐福于你呢？而且你在做好事的时候，心里得到的并不是平安喜乐，而是刀割般的疼痛，这足以说明不是诚心做善事。"

道士的话如重拳一般击在富翁的心头，经过长时间的思考，富翁决定改变自己。于是他不仅将更多的粮食分给穷人，还亲自去给穷苦的人送钱。不仅如此，他还造桥铺路，造福乡里。当他看到镇上的人眼里流露出感激的神色的时候，他的心里也获得了喜悦。这个时候，他才感受到了帮助别人是一件多么快乐的事情。回头再想想以前那些盘剥他人的日子，富翁觉得羞愧无比。

由于长期做善事，富翁的名声传了出去，到处都是一片颂扬之声。后来，外地有一名神医听说了富翁的儿子的病之后，主动前来医治，不久，儿子就痊愈了。

从富翁的故事中我们可以看到，给予与索取并不都是对立的，在很多时候，它们其实是紧密联系在一起的，因此多给予一些，回报自然会到来的。

一块钱不算什么，但却可以帮助饥饿的人解决燃眉之急；一句鼓励的话不算什么，但却可以帮悲伤的人重获信心。我们有谁缺少一块钱、一句话呢？因此，给予对我们来说并不算什么，那么我们又何必苦苦执着于它的回报呢？

给予，本身是无比快乐的事情，但如果在给予之后还巴望着索取的话，那这份快乐无形之中就打了折扣了。

4. 懂得享受朴素的生活

清贫、洁白、朴素的生活，正是很多成功者能够战胜困难做出成绩的地方！

——吴承仕

从 20 世纪 80 年代直到今天，有一本中国古代典籍在日本社会各阶层广泛流行，经久不衰，很多日本的企业家、政治家和学者都把它作为立身和处世的模范，以此来规范自己的行为和思想，这本影响颇深的典籍的名字叫做《菜根谭》。

为何《菜根谭》会被日本各界奉为经典呢？因为随着战后经济的复苏，人民的富足，日本人在越来越繁荣的社会现状中反而迷失了自我，逐渐脱离了生活的真谛，老年人变得空虚，年轻人变得拜金，社会越富足，人反而越来越不幸福。在这种情况下，有些日本人就提倡了返璞归真的运动，在他们看来，想要获得充实就要抛开杂念，明白真正的生活真谛，由此崇尚朴素的《菜根谭》就成了很多人的精神支柱。

其实从古至今，凡成大事者，无不懂得享受俭朴的生活。明末著名画家石涛的诗句"冷淡生涯本业儒，家贫休厌食无鱼"就很好地为我们刻画了古代贤者安贫乐道、朴素怡然的情境。

北大教授黄昆先生是我国著名的晶体物理学家，无论是在国际还是在国内都享有很高的声望，但就是这样一位伟大的科学家，却一直保持着朴素的生活作风。

黄昆的同事姚学吾曾回忆说："黄教授很有国际声望，当年在英国留学的时候待遇是非常好的，但归国之后，面对如此百废待兴、一穷二白的国家形势，黄教授却主动选择了朴素的生活作风。黄教授夏天总是穿一件白衬衫和一条褪了色的蓝裤子，偶尔会穿上西装，但那也一定是出席正式场合。在黄教授家里吃饭也很随便，每个人捧一个粗瓷大碗，菜饭混在一起，吃完了还要自己洗自己的碗筷。"

对国家作过巨大贡献的学者还保持如此朴素的生活，这不能不让我们这些后辈感到汗颜。在我们的周围，更多人早已忘记了字典中还有朴素二字的存在，就更不要提让他们真切地去保持朴素的生活了。

有一个女士总是抱怨自己生活得不幸福，总是有很多烦心的事困扰着她，为此她向电台的谈心节目求助。主持人在听完她的抱怨之后，就问她烦心的事具体有哪些，让她举个例子来说明一下。于是这位女士就打开了话匣子：

我现在的薪水只能负担一套房子，但同事们很多人都有两套以上，他们早给儿女们都准备好了。我到办公室的交通其实挺方便的，骑自行车一会儿也就到了，但看着同事们都有车，我还是贷款买了辆车。邻居家的孩子读的是贵族学校，我也要多挣点钱，好把孩子送到国外学校去读书才行。我朋友的老公每年都会送给她价值不菲的生日礼物，而我却是全家一起出去吃喝一顿就算庆祝了。领导的孩子结婚，送的礼金绝不能少于五千，否则以后还怎么在单位混啊。我这个厨房太小了，得换那种中间有个吧台的西式大厨房才行。

听到这个女士如此抱怨，相信很多人都只能以苦笑来回应她。

在普通人看来，她的生活已经很好了，但她却还不满意，那只能说是她的心理在作怪了。其实，我们很多人不也是和她一样吗？本来已经有很好的生活，却总是想要更好，结果陷入了不满的情绪中而忽视了生活本来的美好。

那么如何解决这种不良的情绪呢？说简单一点就四个字——返璞归真。在我们一般人的观念中，朴素似乎和艰苦是一个意思，朴素的生活就是艰苦的生活，就是吃糠咽菜。但事实上，朴素和艰苦完全是两码事。艰苦是在很差的生存环境下，过一种清贫的生活；而朴素则是在良好的生存环境下，坚持一种本色的生活。

"朴"就是质朴，"素"就是简单，质朴简单不就是人的本色吗？每一个人生下来的时候都是一样赤条条。只不过，在成长的过程中，社会赋予了人不同的角色和地位，给予了人不等量的物质，这才使得每个人的生活不再一样。而那些拥有更多的物质的人为了表现自己的优越，势必开始崇尚奢华。

奢华的生活掩盖的是人生的本质，只有朴素的生活才能让人们重新回归，找回人生的本质，重新获知人生的意义。世上的人本是相同的，只因后天的分工不同，每个人拥有的生活不同。然而，这并不能阻挡一个人享受朴素的生活。贫民和亿万富豪都是可以过同一种朴素而又简单的生活的。

5. 活着，便是一种莫大的幸福

并非每个人的每一天都要过得荡气回肠，并非每个人的每件事都会如人所愿，在经历了人生的坎坷之后，你还能够平凡地生活，这也未尝不是一种幸福。

——周一良

我们现在生活在一个平安但又平凡的年代，说平安是因为我们远离了战火的恐惧、远离了颠沛流离的折磨，说平凡是因为我们中的有些人已经没有了为理想奋斗的劲头，他们只是为生计而奔波，进而觉得自己被生活操控了，自己的生活索然无味，毫无幸福可言。

但其实，幸福并非就真的只有在人实现了自己想要的生活时才会出现。在我们平淡的生活中，恰恰是幸福最集中的地方。幸福并不是和富足的物质和安逸的生活方式密不可分的，真的幸福只存在于人的心里，一个有良好心态的人，即使生活得再艰苦，一样能够感受到幸福的气息，比如周一良先生。

周先生是我国著名的历史学家，早年曾留学于哈佛大学，归国后任教于北大。因为留学于美国的缘故，"文革"中他也未能逃脱被整的厄运。但当这些政治风波都相继过去之后，已经恢复了名誉的周先生却未曾抱怨过一句，始终乐观淡定地生活着，仿佛这一切都没有发生过一样。因为他的淡定，连老朋友、著名学者季羡林先生都赞扬他道："在这长达半个多世纪的时间中，他走过的道路，有时顺顺利利，满地繁花似锦；有时又坎坎坷坷，宛如黑云压城。当他暂时飞黄腾达时，他并不骄矜；当他暂时堕入泥潭时，他也并不哀叹。他始终无怨无悔地爱着我们这个国家。我从没有听到过他发过任何牢骚，说过任何怪话。"

周先生的超然让我们钦佩，他曾经对自己的学生说："人生不如意事十之八九，可与人言二三。无论什么坎坎坷坷，那都是生活的一部分，只要还活着，这就是幸福。"

是啊，活着就是幸福，恐怕也只有劫后余生的人才能说出这样超脱的话来。我们周围到处都有抱怨生活无趣的人，但他们其实并没有意识到，在很多时候，这种无趣只是来自于他们的内心。他们总是把眼睛瞄向生活的阴暗面，那他们的视线中自然也就没什么阳光可言。

有个人总是觉得自己的生活索然无味，他对周围的一切都已经厌烦了，整天处在无聊和痛苦的情绪包围之中。为解脱这一切，他想给自己的生活找点刺激，为此他参加了挑战极限的活动。这项挑战的规则是：一个人待在山洞里，没有光，没有火，也没有粮食，每天只供应 5 升的矿泉水，途中不可以退出，这项挑战的时间为 5 个昼夜。

活动开始了，年轻人兴高采烈地走进了山洞，他终于可以领略到不一样的生活了。第一天过去了，年轻人颇觉刺激。

第二天，他慢慢感到了饥饿和孤独，由于周围一片漆黑，听不到任何声响，恐惧的心理也慢慢地到来了。于是他有点向往起平日里的无忧无虑来。他想起了家中的老母亲不远千里地赶来，只为看一看小孙子有没有长高；他想起了终日相伴的妻子在寒夜里为自己披好被子；他想起了宝贝儿子为自己端的第一杯水；他甚至想起了前天与他发生争执的同事曾经给自己买过的一份工作餐……渐渐地，他后悔起平日里对生活的态度来：懒懒散散，敷衍了事，冷漠虚伪，无所作为。

到了第三天，年轻人几乎要饿昏过去了，可是一想到山洞外面生活的种种美好，他便坚持了下来。第四天、第五天，他仍然在饥饿、孤独、极大的恐惧中反思过去，向往着原本他并不在意的幸福生活。

他责骂自己竟然忘记了母亲的生日；他遗憾妻子分娩之时未尽照料的义务；他后悔听信流言与好友分道扬镳……他这才觉出需要自己努力弥补的事情竟是那么多。可是，连他自己也不知道能不能挺过最后一关。此时，泪流满面的他发现：洞门开了。

阳光照射进来，白云就在眼前，淡淡的花香，悦耳的鸟鸣——他又迎来了一个美好的人间。他扶着石壁蹒跚着走出山洞，脸上浮现出了一丝难得的笑容。5 天来，他一直用心在说一句话，那就是：活着，就是幸福。

一件东西只有在缺少的时候我们才会意识到它的重要性，就像被扼住喉咙的人才知道空气的可贵一样。当我们处于不幸之中时才会意识到，原来能够安安稳稳地生活，还有双手可以劳动，有双脚可以行走，有大脑可以思考，有亲朋好友陪在我们身边，才是人生中最大的幸福所在。

因此，我们何必要追求那原本就不属于我们的东西呢？把心态放得淡然一些，花香你能够闻到，鸟鸣你能够听到，这不就已经很好了吗？幸福在哪里？幸福就在你的身边。

6. 告诉眼前人，他对你很重要

> 弃我去者，昨日之事不可留，昨天的人追不回来，明天的人也只有等待，只有今天，现在守在你身边的人才是真正属于你自己的。
>
> ——冯志

有首唐诗是这样写的："劝君莫惜金缕衣，劝君惜取少年时。"是啊，人生短暂如白驹过隙，魂灵悸动的岁月只有那短短的几十年，如果在这几十年中没有做出正确的选择，那很可能就会在以后的岁月里与遗憾结缘。

人生匆匆，总有着数不清的过客。在短暂的一生中我们会遇到各种各样的人，有的人因为缘而擦肩而过，有的人因为缘而聚在一起；即使是走到了一起的人，也总会有聚聚分分！所以有人感慨，感情真是人生的一大波折。

但我们又知道，人之所以成为人，正是因为我们比动物多了一样，那就是感情。感情可以说是人与人之间最美好的东西，那么为何还总有人慨叹感情的多舛呢？一者可能是遇人不淑，这怨不得人；一者则可能是专心不够，犯了"这山望着那山高，此处看着别处好"的毛病。

总会有人为感情折腾得很累，在他们的生活中，情感总是新旧交替，没有固定的时候。但其实，他们的累不也正是由于他们自己造成的吗？很多时候，他们有了很好的伴侣，却总是感到不满足，对对方不够珍惜，最终一个失去了就去找下一个，下一个又因此离他而去，再去找下一个，一个接着一个地失去，最终他的身边谁也没有留下，除了挥之不去的惆怅和疲惫。

可能有人已经关注到了，现在我们的社会上有些人的条件非常好，但为何就是找不到合适的伴侣呢？一方面可能是因为他们的要求确实很高，但另一方面也与他们不懂得珍惜已经得到了的人，一而再再而三地失去有关。

李小姐接到同学小罗突然打来的电话，说她来这个城市出差，顺便看看她。几年前，她们在南方同一所大学上学，住一个寝室。小罗长得很漂亮，性格又活泼开朗，不少男生追她，当她们分开的时候，她正在恋爱中，现在想来，她的孩子应该都有好几岁了。

下了班，来到约会的地点，小罗早到了。几年不见，她明显苍老许多，脸上也布满愁容。李小姐刚坐下，她就说，自己现在还是单身呢，有优秀的介绍一个。李小姐一下就愣了，以她的条件，不应该是单身一族呀！小罗委屈地说，眼看着都要三十了，谁愿当个剩女呀，但一直没有合适的，也不能为了结婚就把自己草草嫁出去吧？

李小姐还记得小罗当时的男友，是他们同一年级的，相貌帅气，人也很斯文，所有的人都看好他们，怎么就会散了呢？

小罗说，第一个男友，各方面都不错，就是家在农村，所以毕业之后不久，他们就吹了。以后别人又介绍了许多个，但都不是太理想，所以终身大事也就一直拖到今天。

李小姐听过之后五味杂陈，她知道小罗肯定是患上了这山望着那山高的毛病。好几年都挑不好一个对象，真是人家不适合她？也未必，一定是她在与人交往中但凡看到更好的就换掉前一个，看到一个更好的就继续换下去，这样一路换下来，什么人也没留住。

　　像罗小姐这样的人总能引起我们无限的感慨，如果对第一个男友足够重视、足够珍惜的话，又何至于今天呢？

　　一位老禅师让两个徒弟去后山树林里捡一片完美的树叶，大徒弟说："我找了好久也没见到完美的树叶。找到一片认可的，但没走几步却又觉得另一片更好，捡了一片又一片，扔了一片又一片，最后只好空手而回。"而一旁的二徒弟却拿出一片叶子说："虽然我也没找到完美的树叶，但这是我能找到的最好的叶子。"

　　其实我们的感情就像挑叶子一样，完美是可遇而不可求的。在没有完美降临时，最好的选择就是珍惜你已经抓在手里的那个。

　　所谓社会，就是人与人互相联系、互相依存结成的整体。因此任何人的一生都不可能是一潭死水，其中有七情六欲而显出生机，由追逐而精彩、进步，从而衍生情感。在此过程中，因为动情，所以产生美；因为有情，所以应该珍惜。维护现实中拥有的，这是每个成熟的人所应该有的觉悟，也是一个人真正能够获得情感幸福的基础。

7. 活在当下，珍惜现在拥有的

充满了爱去对待一切。

——沈从文

　　我们每个人都渴望得到，得到那些我们想要的，但是，要知道，人世间最幸福的事情却并非是得到。有很多人整天对某件东西梦寐以求，但历尽艰辛、牺牲很多最终得到了，却未见得有多么高兴，反而是得到之后失去了目标，进而陷入深深的空虚中。因此我们说，对于一个想让自己的生活更加幸福的人来说，得到并不是最重要的，最重要的是珍惜你已经拥有的。

一个人漫步在海边，忽然，他发现沙地上有一颗硕大而美丽的珍珠。他兴奋地捡起来，目不转睛地开始欣赏起来，他想，这样一颗既珍贵又美丽的珍珠是多么难得啊。然而他却又觉得遗憾了，因为珍珠上有个小小的斑点。他想：如果除去这个斑点，那么这颗珍珠应该是多么完美呀！于是，他刮去了珍珠的一部分表层，但斑点还在；他又狠心刮去一层，但斑点依旧存在……于是，他不断地刮下去，最后斑点没有了，而珍珠也不复存在……

一颗难得的珍珠已经很宝贵了，但在一个不知足的人眼中，他却只看到一颗更完美的珍珠，最终，更完美的珍珠没有得到，而这一颗也消失了。

如果我们能够反省自己的话，我们就会发现，我们很少会想到自己已经拥有了什么，却总是想着自己缺少什么。或许在不幸降临之前，我们一直在不断地追求幸福，殊不知，事实上我们早已拥有幸福。因而我们不要浪费时间感叹你已经失去或未曾得到的，而是应该珍惜你现在已经拥有的。唯有珍惜，方能不留下遗憾。

从前有一位青年时常对自己的困境发牢骚，有一天他终于鼓足勇气敲开了一位富翁家的门，希望那位白手起家的富翁能够告诉他一些关于致富的秘诀。

"你一定是来问我，我是怎么白手起家的吧?"一进门，富翁首先问道。

"你是怎么知道的?"青年暗暗地对富翁的判断表示惊讶。

"因为在你之前，已经有很多位自以为一无所有的年轻人来找过我。来时他们确实贫困潦倒而且牢骚满腹，但走时俨然个个都成了富翁。你也具有如此丰厚的财富，为什么还抱怨不止呢？"

"那到底是什么呢？快告诉我在哪里呀？"青年急切地问。

"你的一双眼睛。只要你给我一只眼睛，我可以用一袋黄金作为补偿。"

"不，我不能失去眼睛。"青年大声回答道。

"好，那么把你的双手给我吧。这样我就可以把你想得到的东西都给你。"

"不，双手也不能失去。"青年尖叫道。

"既然有一双眼睛，你就可以学习；既然有一双手，你就可以劳动。现在你看到了吧，你有多么丰厚的财富啊。这就是我所谓的致富秘诀。"富翁微笑着说。

每个人来到这个世界上都非常不容易。在这短暂的一生中，会有成功也会有失败，会有得到也会有失去，如果我们总是迷失在失败和得不到的痛苦中，那人生将毫无幸福可言。

如果你失去了太阳，你还有星光的照耀；失去了金钱，你会得到亲情；当生命也离开你的时候，你却拥有了大地的亲吻。不要为已经失去的感到悲伤难过，放眼身边，还有更多的美好等着我们去捕捉。

珍惜我们已经拥有的，是一种全身心地投入人生的生活方式。当你珍惜了自己的现在，而没有为那些得不到惆怅，那么你的全部能量就都会集中在"现在"这一个时刻，而生命也会因此具有一种强烈的张力，这种张力能让你的人生更加丰富多彩。